基于BIM技术的装配式建筑研究

廖艳林　著

中国纺织出版社有限公司

内 容 提 要

随着国家提出未来建筑业的发展中要大力推广装配式建筑的战略目标与社会信息化水平的快速提升，BIM 技术在装配式建筑产业的各个环节得到广泛的推广应用。本书立足于装配式建筑与BIM 技术的基本概念，对装配式建筑的机构设计和BIM技术的内容与应用进行研究，将BIM 技术应用于装配式建筑中，使得建筑在各阶段都很清晰、直观。本书的最后对装配式建筑中应用BIM 技术的现实意义进行了探索，着重强调BIM 技术与装配式建筑必将为我国未来建筑业的发展起到重要的推动作用。

希冀本书的撰写能够为相关人士和读者提供借鉴，以此进一步推动我国建筑业的蓬勃发展。

图书在版编目（CIP）数据

基于 BIM 技术的装配式建筑研究 / 廖艳林著．-- 北京：中国纺织出版社有限公司，2019.12（2025.1 重印）

ISBN 978-7-5180-6796-1

Ⅰ．①基… Ⅱ．①廖… Ⅲ．①装配式构件—建筑设计—计算机辅助设计 Ⅳ．①TU3-39

中国版本图书馆 CIP 数据核字（2019）第 217521 号

责任编辑：华长印　李淑敏　　责任校对：高　涵

责任印制：何　建

中国纺织出版社有限公司出版发行

地址：北京市朝阳区百子湾东里 A407 号楼　邮政编码：100124

销售电话：010—67004422　传真：010—87155801

http: //www.c-textilep.com

中国纺织出版社天猫旗舰店

官方微博 http: //weibo.com/2119887771

永清县晔盛亚胶印有限公司印刷　各地新华书店经销

2019 年 12 月第 1 版　　2025 年 1 月第 2 次印刷

开本：787 × 1092　1/16　印张：8

字数：150 千字　定价：68.00 元

前　言

建筑信息模型（Building Information Modeling，BIM）是集成模拟仿真建筑数字信息，在计算机辅助设计（CAD）等技术的基础上发展起来的建筑学、工程学及土木工程的新工具。BIM不仅支持在建筑全生命周期中参与方的各项工作在同一多维信息模型上的协同及精细化管理，还为产业的连接、工业化标准化建造及繁荣建筑创作提供技术的保障。

装配式建筑是由预制部品和构件在工地装配而成的建筑，因其建造速度快，受气候条件制约小，既可节约劳动力又可提高建筑质量等优点，在20世纪初就开始引起人们的兴趣，目前国家更是提出要大力发展装配式建筑，以建筑推动产业结构调整升级。基于BIM技术的装配式建筑将BIM技术很好地应用于装配式项目建设的各阶段中，有效地保障了资源的合理控制，有利于项目实施效率和安全质量的提高，从而实现装配式工程项目的全生命周期一体化和协同化管理。

装配式建筑中使用BIM技术，不仅能优化设计方式，还能减少施工期间出现的失误，缩短工期、减少浪费。既提高工作效率，保证建筑工程的质量，又能极大地降低施工成本，显著提高建筑企业的经济效益。本书以装配式建筑的基本理论为基础，阐述装配式建筑的结构设计，结合BIM技术的内容与价值，探析BIM技术在项目管理各方面的应用，以BIM技术与建筑行业的深度融合为指导思想，对该技术在设计、构建生产、物流运输、施工、装饰装修以及装配式运维等阶段的应用进行深入研究，并探索BIM技术在装配式建筑中应用的现实意义。

本书在撰写过程中，参考了很多专家与学者的研究成果，在此对他们表示衷心的感谢。尽管几易其稿，但由于水平与经验有限，加之BIM技术的飞速发展，装配式建筑也会不断地发生变化，书中难免会有疏漏之处，恳请广大同行与读者批评指正。

作者

2019年7月

目　录

第一章 装配式建筑概述

本章首先从装配式建筑的概念以及国内外发展状况对装配式建筑进行初步的介绍，并进一步针对装配式建筑的特点与其在建筑领域独特的优势，使读者对装配式建筑这个新型建筑有进一步的认识。其次，介绍了装配式建筑常用软件体系。最后，根据建筑行业的发展趋势，对装配式建筑的发展前景做了简单的阐述。

第一节 装配式建筑的基本内容

一、装配式建筑概念

装配式建筑是指由预制部件在工地装配而成的建筑。

预制装配式建筑即集成房屋，是将建筑的部分或全部构件在工厂预制完成，然后运输到施工现场将构件通过可靠的连接方式组装而建成的房屋。在欧美及日本被称作产业化住宅或工业化住宅。

二、装配式建筑的各阶段

工业化建筑与传统式建筑不仅仅在生产方面不同，在其他方面（工程项目管理）两者也有着很大的差异性，在此先不做介绍。装配式建筑能使房子像其他工厂产品一样能够批量生产，实际上这就属于一种效率的提高，其优越性体现在建筑设计、具体施工、装修、成品检验等环节。

（一）设计阶段

1. 预制装配式建筑设计特征

随着社会的发展，整个世界日新月异，在建筑业，传统的建筑业开始出现了新的面貌，预制装配开始迅速发展，虽然其冲击了传统建筑业，但是不得不说这是破茧成蝶的伤痛，建筑业因为有了新鲜血液，必定会得到积极的发展。无论是生产方面，还是建设方面，其都受到了“预制装配”的影响。

预制装配式建筑虽然是新事物，但并不意味着它是简单的事物。在具体的预制装配中，施工队的管理体系、技术能力，工作环境的交通条件、生产工艺的细节、建设周期的控制都是我们不得不面对的问题，只有这些因素发展充分，预制装配式施工才能保证基本的质量水平。

预制装配式施工虽然在传统建筑业的基础上进行了关于效率的“改革”，但是建筑施工的过程仍然是一项繁复的工作，或者说，建筑施工的标准和要求决定了其本身必须带有精细的特点。所以，除了生产之外，管理也是建筑施工中的“润滑剂”，通过管理手段，要使设计单位、施工单位、运输单位、后勤单位等部门紧密地连成一个整体，使内部能量得以发挥。

现将预制装配式施工关于设计方面的特点进行简单的介绍，与现浇结构建筑相比，其有以下五个主要特点。

第一，建筑设计的轮廓化向精细化转变。社会上广泛性的市场要求不断提高及预制装配式建筑施工的流程更加现代化，这内外两个因素就决定了设计必须越来越趋于精细化。精细化的具体表现则是流程上的丰富。前期技术策划和预制构件加工图设计就是新增的工作流程。

第二，建筑设计趋于模数化。预制装配式建筑的主要环节是安装，但是相关的部品和构件（梁、板、柱和外墙）的生产制造环节也是至关重要的，为了进一步提高工作效率，模数化是目前的必然要求，也是未来的主要趋势。模数化实际上就是通过建筑模数对相关组件的调控使模数化向模块化发展。模数化的目的就是使设计趋于标准化。

第三，整线一体化。预制装配式建筑的特点之一是分工协作，但是分工不代表“各自为政”，要和其他相关行业进行紧密联系，尤其是构件、配件的生产厂家。所谓一体化，其实就是具体施工、主体构件、装修配件、明暗管线、设备、设计的相互沟通和相互合作。

第四，成本趋于精确化。建筑构件的生产的依据是预制装配式建筑设计图纸，所以说，在材料选购之前，如何在设计上节约成本成为了一个重要的问题。在相同的装配率之下，预制装配设计方案的不同，也就决定了实际装配成本的不同。所以设计师在制订方案时，要努力地使自己的方案更加科学和合理，避免产生不必要的成本，使得建筑成本得到精确和体系的优化。

第五，建筑技术趋于信息化。随着现代科学技术与社会行业的交融程度加深，信息化已经成为整个社会的主要特征，建筑行业对计算机技术也越来越依赖。而建筑行业或者说预制装配建筑主要依赖的就是BIM技术，即建筑信息模型。它能够帮助提升设计方案的科学性、可行性和精确性，使整个装配工作的完成度更高。建筑信息模型并不是指具体的某一项技术，而是指代以三维图形为主，和物件导向、建筑学有关的电脑辅助设计的所有程序和软件。建筑信息模型的基本功能就是信息呈现，即对建筑项目的功能信息、几何信息、物理信息等进行统计和优化，为具体的建筑工作（管理、建设、运营、决策）提供指向性的参考。

2. 预制装配建筑设计流程及要点

（1）技术策划是整个预制装配建筑设计流程的第一阶段，或者说是面临的首要问题。在进行策划时，设计单位和设计师应该对项目进行充分的考察和掌握，考察内容包括项目具体规模的大小、项目的具体性质和定位、可投入成本和实际成本的消耗、建筑的最终生产目标和具体的施工环境等。技术策划，要保证技术的合理性和科学性，要使其满足标准化，趋于最优化。当然，技术策划，并不是由具体某一个人决定的，它必须是所有人的智慧的集合。除了设计单位之外，具体的施工建筑单位也要参与到技术策划当中去，一起保证技术方案的科学性和牢固性，也能为施工建筑单位日后的工作减少不必要的麻烦和问题。

（2）第二个阶段是方案设计阶段。所设计的方案具体分为两部分：第一部分是平面设计方案；第二部分是立体设计方案。两种设计方案都需要依靠之前的技术策划成果。两者之间的关系，是继承的关系。立体设计方案又称立面设计方案，立面设计方案首先考虑的就是购买的建筑构件。要对自己的构建有一定的了解，即是否能进行再加工？立面设计具有多样性和个性化的特点。这个特点也需要有一个整体的、符合装配的大特点，不能使局部特点喧宾夺主变为主题特点。至于平面设计方案需要考虑的问题首先是最基本的使用功能，然后再根据行业内既定的预制构件设计原则进行加工和改进。在住宅套型设计当中，我们主要使住宅趋于标准化和系列化。

（3）第三个阶段即初步设计阶段。在此阶段，我们更应该保证设计的协同性和合作性。在设计时，应该明白“兼听则明，偏信则暗”的道理，要吸收各个专业的技术使自己的计划能够得到比较全面的、综合的考量。尤其值得注意的是，建筑项目底部传统性的现浇加强区。其层数必须要符合相关的行业规范和具体实施条例，这是进行具体实施的前提。在这一阶段其实属于优化阶段，优化的对象主要就是预制构件的种类和预制构件的功能。要充分理解设备、管线的重要性，要对设备的预留、管线的预埋进行充分的分析和处理。此外，要进行专业的评估，即必须对施工项目的经济性方面进行考量，分析可能会对成本造成影响的因素，并制订出预防突发问题的方案。

（4）在经过之前三个阶段的准备工作之后，第四个阶段就是施工图设计。施工图是施工的最高依据标准，施工图的设计也必须要依照之前的方案进行，即前三个阶段都是为第四个阶段进行铺垫和准备的。施工图设计的过程中，具体的设施设备、装修部品和主要的预制构件是主要考量因素，要对这些部分的参数进行了解和准确的掌握，这是设计图设计的前提。参与设计的各个专业、各个部门要对这些因素进行充分的考察和考虑，要在施工图中体现出不同专业、不同要求的预埋预留方案。

此外，在这一阶段，建筑专业发挥了不可代替的作用。建筑部分的接点处是否隔音、是否防火、是否防水等问题，都需要进行细致的考虑和解决。

（5）最后一个阶段是对构件加工图进行设计。预制构件与具体的安装单位并无太多的联系，因为预制构件的生产并不是建筑单位管理范围。所以关于采购的预制构件的具体设计，可以和生产企业、加工企业进行沟通和合作，从而设计出全面的、可实施的构件加工图纸。在这一阶段，如果预制构件的尺寸难以把握，我们可以向建筑单位寻求帮助。在这一阶段，我们主要应该注意三个问题：第一，要预留临时的安装孔，为设施以后的安装和固定做好准备；第二，要考虑吊钩的因素，不论是具体的安装过程，还是运输过程都要加以注意；第三，要对电线、管道、门窗、洞口等因素进行准确的定位，使预制构件不必进行额外的再加工。

（二）生产阶段

1. 预制构件钢筋绑扎、连接套筒定位

事先要准备好预制PC构件图。在具体的工作中，要按照钢筋的直径、长度等具体参数进行下料。钢筋是与连接套筒进行连接的这一部分。在钢筋绑扎区，施工人员要将钢筋的头部的车丝和连接套筒进行连接，使其完全的适应和接入。然后根据图纸的具体要求，对处理过的钢筋进行再一次加工，最终要使钢筋绑扎成固定的形状，即标准的形状。然后再将绑扎好的钢筋笼，通过吊钩、吊车等运输工具将它运送到预制构件的生产区。与连接套筒进行接触的模具端板之上，必须要铺一层具有高度保护性的发泡塑料，然后施工人员再将连接套筒用螺丝钉和电枪，将其固定在模具的端板上。这一步骤要保证基本的准确性。然后再把连接套筒进行安装。最后一步，是对灌浆塑料管进行预埋。

2．模具组装与检查

生产建筑PC构件是一个总称，数模化、固定底模和侧模板是生产建筑PC构件的主要组成部分，其中固定底模必须有很强的精度性，触摸板也必须符合具体的施工要求和设计要求。诸如此类，在我国的建筑生产制造业当中，具有通用性和简易性。通用性指的是制作上的通用性和市场的通用性，市场通用性也就是行业的标准化。简易性则指的是加工过程的去繁琐化。在具体的工作之前，首先要用电动钢丝刷对模具的底板和侧板进行仔细的清理。然后施工人员再把模板按照具体的尺寸和要求放置好。在具体的模板组装时，首先应该做的就是固定工作，要用销钉连接和固定，对侧模板的定位进行准确的掌控，必要时施工人员可以做出标记。然后通过螺丝钉和螺栓把侧板与底板进行连接。在模板组装完毕之后，施工人员要在现场要按照图纸进行细致的、全面的检查，要使尺寸完全符合设计图纸的要求。质量检验是这一环节的关键步骤，如果在质检时出现模板成品不合格的情况，要进行返功处理，直至模板合格。

3．涂刷脱模剂

要将模具表面的铁锈和污渍进行清理，使其光滑和洁净，在除锈工序之后，施工人员要在模板表面进行防腐处理，即利用防锈的脱模剂。在涂抹脱模剂时，要尽量保证均匀，要控制脱模剂的使用，使其用量既不多也不少。其目的是，使脱模剂当中极性的化学键与模具表面相互作用，相互影响，并形成一层具有吸附型的薄膜，这种薄膜，一般都具有很强的再生能力。

4．预埋件安装、钢筋入模

当钢筋笼和各种模板准备完毕之后，施工人员首先要把钢筋笼放在模板之上，放置时，要按照图纸的细节要求进行准确的定位，在位置的掌握毫无问题时，才能放置端板。然后再放置定位板，定位板的作用就是使钢筋保持准确的位置，然后，固定钢筋的端部，使钢筋在正常情况下不能轻易的变形和走样。这样做的原因是要保证建筑的稳定性，然后再将模具上的连接板进行安装。这一部分的安装工作基本要求也是需要保证构件的准确，只有准确才能保证建筑稳固。

5．浇筑混凝土

浇筑混凝土之前，首先要准备出混凝土输送设备。把混凝土浇在提前准备好的模板之中，浇筑的体积也要恰到好处。在浇筑之后，定位冷却凝固之前，要用振捣设备对混凝土进行处理，使其严密和结实，能够符合图纸的建筑要求。

6. 浇筑构件的养护

浇筑构件的养护应该采用低热养护的方式，其主要分为四个步骤：第一步是静置；第二步是升温；第三步是恒温；第四步是降温。

（三）运输阶段

1. 装配式建筑构件配送特性

与传统的建筑流程不同的是，构建需要建筑单位单独购买，使得运送环节的内容增多。构件的供应过程符合物流配送的特征。我国主要的配送模式依然是由生产企业进行自主的、独立的配送。利用厂家自己的车辆，对企业的物流成本进行掌控，从而使生产企业的经济效益得到最大化。由于行业的特殊性，往往这些构件必须由生产企业准确的运送到施工现场。尤其值得注意的是，由于混凝土的特质，装配式混凝土PC构件的配送与传统行业的物流运输并不相同，其与传统的制造业运输虽然有着一定的相似性，但是建筑构件生产行业的配送与传统配送之间并不产生过多的交集。装配式PC构件的配送形式相对复杂。

（1）按需配送。因为各个工地、各个项目所需要的种类、数量并不相同。所以，按需配送具有一定的合理性，是基本的配送方式。目前，以我国装配式建筑工程实际情况为参考，混凝土预制构件主要包括房梁、各种支撑柱、外墙、内墙、楼板、楼梯、飘窗、阳台板等。因为在具体施工之前，施工队有着详细的设计图纸，所以，各类装配预制构件总数和具体情况都有着明确的记录和参考。只要施工图纸准确，施工人员按计划实施操作，基本上不会出现差错。具体的供给也可以按照不同批次、不同阶段进行供应。生产供应方则主要根据施工团队的要求来进行。所以，PC构建的物流配送，配送主体是生产厂家，但是需求主体是施工单位，两者之间是客户与厂商之间的关系，只需遵守合同即可。

（2）配送要求高。配送车辆要在既定的时间之内到达施工场地。这一要求必须严格遵守。传统的建造方式，即现浇建筑方式施工速度慢、工期长。而装配式建筑优点在于有着较快的施工速度，因为装配式建筑，主要的步骤就是安装。所以说在整个施工过程当中。对构件的需求很大，其安装速度很快，所以说厂家在面对大批量的构建订单时就要源源不断地向施工场地进行配件的输送。另外，施工单位库存也是影响这种输送方式的因素之一，工地也不能够积累太多的构件，既占用空间，又阻碍施工，因此就造成了这种紧密的输送关系。混凝土预制构件的使用与装配和混凝土预制构件的输送必须衔接的恰到好处。以天为单位来计算，施工场地每天要运用上百件混凝土构件，所以生产厂商，至少每天要和施工速度保持一致。这种时间上的要求，比传统的建筑方式更为严格，也更为苛刻。在重量上，混凝土预制构件的外部外墙板、内墙板、柱梁等大型构件，每一件都能达到2～3.5吨，甚至有些会达到4吨。由于厂商输送车辆的载重有限，所以要运用到多辆大型的运输车对构件进行运送。这也就带动了配送车次得到提高，使其比其他传统制造业和零售业的运输次数更为频繁。此外，关于配件的卸载，由于重量和数量的原因，要比普通的制造业的卸载的时间更长。因此，传统物流配送车辆调度体系并不适用于混凝土构件生产企业，自然而然地也就产生了混凝土构件生产企业的这种相对独立的运送方式。

（3）配送区域范围小。在性质上，装配式PC构件的运输属于大宗运输。大宗运输的特点就是运输次数极为频繁、运输车辆载重需求高、产品个体重量大、运输种类丰富。由于重量的原因使得车辆的速度受到限制，因此，由厂商到具体施工工地所耗费的运输时间也被延长，使得厂家的物流成本大大提升。这种双刃剑性质的输送方式不可避免地出现了一些问题。比如，车辆调度的不合理；运载车辆提前到达现场而不能卸货，影响了整体运输效率；运载车辆迟到而受到一定的经济赔偿的风险等。所以说，预制构件厂商和施工工地之间的距离大多都比较近。一些较远的施工工地，预制构件厂商会选择不予配送，或者增加配送费用。一方面，是从生产企业的经济效益出发，另一方面，也是为了保证施工进程得以顺利进行。

（4）传统的物流环节相对复杂，其并不单单指产品的运输，还包括许多流程，如产品的备货、产品的整理、产品的储存、相关的流通环节、再加工环节等。配送流程并不具有复杂性。以我国预制构件厂商配送模式和配送流程为参考，实际上产品（预制构件）的运送是一个层级比较靠后的流程，属于一个整体的环节。所以，预制构件厂商和客户即施工工地之间的这种直接性的工作不可能变得十分复杂。主要工作步骤就只有两个，即装货和卸货。不断地在供应地和接收地之间进行往返，就是运输司机的全部工作。当然，还有着其他需要注意的方面，即保证产品的完好无缺，不论是装货和卸货的过程中，还是在往返的途中，司机都需要格外注意，可以对产品进行相关的保护措施，比如：减震、防潮等。

2. 装配式建筑构件配送流程

笔者对预制构件厂商的运送体系进行了细致的观察和研究，得出了一个结论，预制构件厂商的物流工作基本上分为四个主要部分：

（1）上级命令下达后，配送司机到车库发动货车，将货车开到预制构件生产厂商的生产现场或者是产品仓库，装货人员将订单商品装到车上。装车方式是利用吊车或者其他吊钩装置。

（2）一般情况下，厂商会给司机提供一份具体的地图，现在司机多用路线导航。此外，厂商也会优先安排经验丰富、熟悉路线的司机进行运送。如果有特殊情况，即使施工地较为偏僻，工地人员也会提前配合工作。

（3）当运输司机到达施工现场时，首先要与施工场地管理人员进行确认，在确认无误后，施工工作人员要与之配合将装配构建卸下，这一过程司机可不必参与。

（4）在货物卸载完毕后，司机应该迅速驾驶货车返回生产厂家，准备下一次运输。

这四个步骤就是运输车辆的主要工作内容。在具体的工作中，司机还可能遇到各种突发问题。比如，道路拥挤、道路整修、道路毁坏、道路封闭等，由于交通这一主要因素的不稳定性，使得司机需要灵活处理，衡量路程的远近，使车辆能够准时到达施工现场。此外，司机还要注意的问题有许多，比如，车辆的载重情况；厂内的运输资源的情况；施工场地的相关信息和相关协调工作等。甚至，在运输过程中，相同批次的不同车辆会发生不同的问题，不同批次的相同车辆耗时不同等。

此外，运输流程还会受到其他因素影响。比如，装配构建生产商的生产效率，如果产生效率减缓，造成供不应求的问题，不仅降低运输的效率，势必还会影响客户的工作效率；吊装设备的运转状况不佳、技术工人的工作状态不佳等也会影响到下一环节的运输流程；车辆的故障、临时的车辆调度也会对产品运输环节造成影响。

另外，运输环节还会受到客户方因素的影响，造成运输车辆等待、停留时间过长等。

所以，在运输环节中，双方要提前做好沟通工作，对相关信息有所掌握，避免出现不必要的问题。

（四）施工阶段

1. 装配式建筑施工特点

装配式建筑施工方法的特点如下：

（1）现场施工人员整体缩减。装配式建筑施工的主要工作是组合、安装。以前那种存在于传统工地的施工技术渐渐被新型施工技术所代替。由于装配式施工现场普遍使用现代吊装设备，使得施工现场的机械化程度相对较高，所需要的劳动力自然大大减少。一部分工作已经被其他工序取代，有些工作甚至不需要人工进行参与。这种不影响工作的效率人员缩减，一方面可以方便施工管理者进行更简单的、更有效的管理；另一方面体现了该行业生产力提高的显著特征。

（2）户外工作量大幅减少。所谓的PC混凝土预制构件，尤其是其中的外墙是不需要再像从前一样进行垒砌和涂装。这一工序不再属于施工人员，在装配构建生产时，厂家就已经对墙体进行了涂刷。甚至还可以对外墙进行保温养护，就连门窗安装也不再需要工人亲自动手了。外立面工作内容减少，外立面工作量自然减少，外立面工作带来的危险系数得以降低，安全问题发生机率也大大减少。

（3）垂直运输机械标准高需求大。预制构件单件质量大且数量多，要求选用的垂直运输机械性能要有保证，选择起重机的主要依据是构件的重量及安装高度，施工垂直运输机械的选用要兼顾费用支出在施工过程中，要计算构件的安装强度计算，必要时对构件要采取加固措施。

（4）施工现场堆放构件量较大。通常情况下，建筑工程施工过程中需要应用大量的建筑构件，这些预制构件会全部堆放在工地上，为了避免构件混乱，现场堆放构件的地点就需要进行准确的规划，要保证堆放地点的安全性；要保证不影响施工的正常进行；除此之外，还要保证堆放地点的调取方便，调取方便是对正常施工的有效保证。

（5）施工中预制构件连接固定精度要求高。装配式工程建筑中所应用到的构件比较多，这无疑会增加构件连接的数量，构件之间的连接是否稳固不仅会直接影响建筑的安全性，也会影响到工人的施工安全，为了提高施工的质量，一定要保证建筑中构件与构件之间相连接的施工工艺。在施工过程中，每一个构件的连接处都要仔细进行检测，确保连接处的工艺达到一定的标准，尤其需要注意的就是外墙构件临时支撑设备，该构件的质量和使用方法一定要明确，使用时也可参照指导说明。

2. 装配式建筑施工工序

装配式建筑与传统的混凝土工程也可以适当结合，将传统混凝土工程拆分成多个不同的混凝土预制构件，在施工时将工厂已经预先生产好的构件运输到施工现场进行组装。建筑工程中所使用的铁柱、窗户、木板以及楼梯，都可以在工厂完成制作，这些预制构件在厂家生产好之后批量运送至施工现场，工人利用起重机、吊车等大型机械即可将这些预先制定好的构件拼接在一起，这些按照标准拼凑好的构件就是所要建设的房屋的一部分。

（五）运行维护阶段

1. 运营维护管理的含义

运行维护管理，简称运维管理。国外也将其称作设施管理。这种管理是在传统房屋管理的基础上，通过发展得来的。伴随着全球经济的发展，城市化建设在稳步推进，与此同时，人们的生活也变得更加丰富，对于环境的要求也越来越高。这不免使建筑实体的发展遇到了挑战，为了适应当前多样化的发展现状，运维管理成为一项重要的科学，在对人员、技术、设备等重要资源的整合上，意义非凡。目前，国内对于运维管理还没有明确的定义，有些学者认为运维管理就是对人员、设施、技术等进行整合，通过对人员工作、生活的规划实现维护与管理，从而达到人员工作上的需求。国外对此也没有做出明确的解释，只是在几个方面给出了运维管理的定义。

（1）所谓的运维管理是一门综合性比较强的学科，其基本目的是提升人们生活质量的同时保障投资者的投资效益。运维管理将使用最新颖的技术对人类的生活环境进行科学、系统的规划，运用科学管理方式把人们的工作场所和工作任务合二为一，在运维管理中不仅要应用工商管理的相关知识，还会应用到工程技术和建筑科学领域的知识，由此也可以看出其涉猎范围的广泛。

（2）运维管理是通过整合组织流程来支持组织和提高其基本活动的有效性。

（3）运维管理是一种商业实践，它通过使人、过程、生产和工作环境最优化来实现企业的商业目标。

尽管从内容上看，这些定义之间是完全不同的，但是在本质上，这些定义确实存在共同之处。首先，运维管理的学科一定是多样化的，其中所涉及的行业功能很多；其次，运维管理的应用范围很广，并非是在一系列的共用设施中能够出现，住宅、工业园区等也会存在运维管理；再次，运维管理的定义虽多样，但目的却一致，都是为了使业务空间打造更好的工作环境，使投资效益能够得到明显的提升；最后，运维管理是对人们生活、工作的维护与管理，它将人们工作与生活进行有机结合，将繁琐的企业运营流程简化，减少运营成本，提高运营收益。

2. 运营维护管理的范畴

运维管理的范畴主要包括空间管理、资产管理、维护管理、公共安全管理、能耗管理这五个方面。

（1）空间管理。空间管理主要是通过对空间进行规划、分配、使用等方面进行管理，满足企业在空间方面的各种需求，并计算空间相关成本，执行成本分摊等内部核算，增强企业各部口控制非经营性成本的意识，提高企业收益。

（2）资产管理。这里的资产管理主要是对建筑内的各种资产进行经营运作，降低资产的闲置浪费，减少和避免资产流失。

（3）维护管理。维护管理的任务主要包括建立设施设备基本信息库与台账，定义设施设备保养周期等特殊信息，建立计划设施设备进行周期维护；对设施设备运行状态进行遥检管理并建立运行记录等信息；对出现故障的设备从维修申请，到派工、维修、完工验收等实现全程管理。

（4）公共安全管理。所谓的公共安全管理指的是预防各种突发事件的技术防护手段和体系，如自然灾害，公共卫生事故等都属于无法控制的突发性事件，公共安全管理能够有效应对这些灾难的发生。

（5）能耗管理。能耗管理主要是对建筑正常运行时数据采集、数据分析、报警管理等进行管理，采集统计各种数据并分析，当采集数据超过限值时，会发生报警，指导运维管理。

3. 运营维护管理与物业管理的关系

生活中人们常常会将运维管理与物业管理混为一谈，实际上两者之间的区别的是非常大的，不能因为物业管理是我们常接触的，就将其看作是运维管理。两者之间的不同之处在于：首先，两者所面向的对象是不同的，这是最明显也是最重要的区别，建筑设施是物业管理所要负责的对象，运维管理要负责的则是组织管理的有机体，在这个有机体中，包含了人们生活与工作的所有活动；其次，两者的管理目标上是完全不同的，为了给服务对象创造更优质的办公与生活环境，保障资产价值稳定是物业管理的主要目标，运维管理则是对所有活动进行整合，在确保收益能够得到发展的同时，还能够使组织的战略与核心业务实现全面发展。不仅如此，在管理定位与管理方式等方面，物业管理和运维管理也有着很大区别。

不过，虽然两者之间确有不同，但运维管理与物业管理之间也不是毫无联系的，在现代建筑运维管理中，包括了所有的物业管理的内容，在此基础上，添加了很多新内容才构成了运维管理。所以，两者之间是从属、包含关系。运维管理从原则上要比物业管理涉及的内容更全面、更高端、更深入。

三、装配式建筑各省扶持政策与补贴标准

装配式建筑是指用预制的构件在工地装配而成的建筑。这种建筑的优点是建

造速度快、受气候条件制约小、节约劳动力并可提高建筑质量。装配式将是未来建筑行业的主要筑建方式。在过去的几年中，全国已有21省出台了相关扶持政策和补贴标准，为装配式的发展一路亮起绿灯。

（一）北京市

（1）目标：北京市的装配式建筑在2018年就已经占据所有建筑面积的20%，预计在2020年可以实现装配式建筑占所有建筑面积的30%。

（2）补助：政府应该制定奖励政策，鼓励建筑公司大力发展装配式建筑，对于一些符合标准的可以适当下发奖励。例如，原本属于非政府投资项目的装配率达到70%以上的建筑，政府可以按照一定的标准对其进行补助；一些不在实施范围之内的项目如果符合实施标准，并且是自愿采取装配式建筑，政府应按照建设成本的相应比例给予财政补助，同时，该项目还可以申请政府给予不超过3%的面积奖励。

（3）以下3类项目都优先选择使用装配式建筑：①由政府投资的新型建筑房屋以及用于保障居民生活的保障性住宅；②已经获得城六区或通州区国有土地使用权的商品房，并且该项目地上建筑至少达到5万平方米；③在北京市的其他区取得国有土地是同权的商品房开发项目，并且地上建筑面积达到10万平方米。

（二）江苏省

（1）目标：到2020年，江苏省的装配式建筑将会有重大突破，预计会占所有新建建筑的30%以上。

（2）补助：省政府会根据装配式建筑的现状制定一些鼓励政策，项目建设单位也可以针对自己所要建设的项目向政府提出申报，以获取奖励。例如，建设项目时相关部门可以申报示范工程，示范工程包括以下三个类目，分别为住宅建筑、市政建筑以及公共建筑，改项目申报成功大约可以获得200万元左右的补助金；项目建设单位可以根据装配式建筑的标准向政府申报保障性住房项目，该项目的审核标准相对来说要严格一点，建设项目本身所要满足的基本条件较多：第一，该建设项目应该完全使用现代化方式来建设；第二，该建筑中所使用的混凝土单体建筑预设要达40%；第三，该建筑中所使用的钢结构、木结构预制装配率至少要达到50%。如果该现代化建筑满足以上三个条件，便可获得政府给予的每平方米300元的额外补助。

（三）广东省

（1）目标：相比北京市、江苏省，广东省的经济要相对落后一点，广东省预计在2020年装配式建筑数量达到全省新建建筑的15%。其中，珠三角城市群装配式建筑占新建建筑面积比例达到15%以上，常住人口超过300万的粤东西北地区地级市中心城区比例达到15%以上，全省其他地区比例达到10%以上；到2025年，珠三角城市群装配式建筑占新建建筑面积比例达到35%以上，常住人口超过300万的粤东西北地区地级市中心城区比例达到30%以上，全省其他地区比例达到20%以上。

（2）补助：在市建筑节能发展资金中重点扶持装配式建筑和BIM应用，对经认定符合条件的给予资助，单项资助额最高可超过200万元。

第二节　装配式建筑的发展与现状

一、装配式建筑发展沿革

人类发展的历史悠久，从原始时代到现在的文明时代，随着时间的流逝，人类也在不断的发展和进化。对于装配式一词，实际上在原始时期，其本质就应得以体现了。由于原始人类不具备修建屋舍的能力，他们只是四处狩猎，并没有开始定居生存。在狩猎的过程中，为了满足休息需求，它们便开始创造了装配式的居住设施。这一时期我们称之为人类的“前建筑时期”。

纵观人类的发展史，从建筑学的角度来说，其发展可以分为三个大阶段，分别是前期建筑阶段、古典时期、现代时期。前建筑时期也就是我们上文中提到的发展时期。这一时期的人类没有定居生活的习惯。他们四处狩猎，居住的地方都是由简单的树枝、树叶搭建的帐篷，有时还会用兽骨和兽皮来建造。

随着时间的推移，人类也在不断地发展和进化。为了适应自然环境并且更好地生存下去，人类对帐篷的要求也越来越高，从最开始的树枝树叶搭建帐篷到现在的兽皮搭建。他们将十几块兽皮缝在一起，到了深夜，原始人类就运用树枝将缝制的兽皮支撑起来，这就是最早出现的兽皮帐篷，也是人类最早的装配式“建筑”。这种帐篷可以随时拆分带走，完全符合便携式建筑的特点。

现代建筑是工业革命和科技革命的产物，运用现代建筑技术、材料与工艺建造。世界上第一座现代建筑是1851年伦敦博览会主展览馆—水晶宫，水晶宫就是装配式建筑。

英国的工业革命结果是通过世界博览会展示给世界人民的，早在1850年时，英国就已经决定在1851年召开世界博览会。为了在世界的舞台上大放异彩，英国博览组开始面向欧洲征集主展览馆的设计方案，很多在建筑界小有名气的建筑师都将自己的展览馆设计图提交上来，但是没有一个建筑师的设计方案既能为展览提供广阔的空间，又能在短时间内完成施工的。最后，在迫不得已的情况下，博览会的负责人采用了一个花匠的设计方案，将建造花房的技术应用到了建设展览馆中。首先，在铁厂制定一批尺寸正好的铸铁柱梁；其次，在玻璃厂制定用以安装的玻璃；最后将制作好的玻璃和铁柱运送到施工现场，在现场将这些建筑构件连接在一起。果然，运用此种方法几个月内就完成了展览馆建设，不仅如此，所建设出来的展览馆不仅空间够大，而且外观十分漂亮，从外形上看就像是一个水晶宫殿一样，这也正是其名称“水晶宫”的由来，英国展览馆的建筑创造了建筑史上的奇迹。

法国巴黎的埃菲尔铁塔和美国纽约的自由女神像同属装配式建筑。当然，它们也可以被叫作装配式建造物。

美国的自由女神是怎么来的呢？她是法国送给美国的礼物，庆贺美国建国100周年，竣工于1886年。自由女神像是铸铁结构，法国在本土制作了铸铁结构骨架和铸铜表皮，而在海上颠簸数日并最终到达遥远的美国。安装结构是设计师古斯塔夫·埃菲尔设计的，埃菲尔最出名的作品就是闻名世界的埃菲尔铁塔。自由女神像所应用的装配式钢结构金属幕墙工程在当时世界上还未有过前例。

较为出名的装配式建筑还有纽约帝国大厦，完成于1931年。它是钢结构石材幕墙大厦，高达381m，在竣工之后的40年内一直是当时世界上最高的建筑。它共有102层，主要使用装配式工艺，在410天之内完工，也就是说，每一层楼的建造只需要4天，在当时足以让所有人为其惊叹。

钢结构建筑是装配式建筑的主要形式，已有100年历史的现代建筑。这一百年过后，钢筋混凝土装配式建筑逐渐攻占了建筑行业。

二、国外装配式建筑历史

在两千多年前就已经出现了混凝土。在当时的罗马共和国中，不计其数的火山灰遍布在罗马南部地区，因为火山灰颗粒细小，活性足，与天然水泥无异，融合了水之后能出现水化反应，最后变成固体，质地坚硬。罗马人融合了火山灰、水和石子之后，将其应用在浇筑建筑物的拱券上，罗马著名的斗兽场的拱券就是这样得来的。

最早的人造水泥出现在1774年，它是英国工程师艾迪斯通的一次意外发现的产物，当时，艾迪斯通在建设一座灯塔，因为材料不足，他不得不使用杂质含量比较大的石灰去完成建筑，但是却没想到这种杂质较多的石灰强度都要明显高于质量好的石灰。这件事引起了建筑界的关注，很多专家对两种石灰进行了化验，化验结果显示，杂质含量大的石灰其中所含有的黏土成分更多一点，所以其强度明显高于质量好的石灰。也正是因为艾迪斯通的这一次意外发现，工程师们开始对新型胶凝材料进行深入研究，经过不断地研究，终于在1824年英国人发明了水泥。最早出现钢筋混凝土建筑的国家是法国，在1865年，一个名为约瑟夫·莫尼埃的花匠意外发现了在混凝土中加入铁丝能够增加混凝土的抗拉强度。有一天，莫尼埃自己用混凝土做了一个花盆，种完花后不小心将花盆打到了地上，没想到用混凝土制作的花盆被摔碎了，而原本松散的泥土却因为花根的缠绕紧紧盘旋在一起。这一现象给了莫尼埃启示，他开始尝试在混凝土中加入铁丝，果然这样的花盆抗拉强度明显高于只用混凝土制作的花盆。于是，在1867年莫尼埃申请了钢筋混凝土专利。直到1890年，法国的工程师开始将钢筋混凝土大批量的应用到建筑之中，随后自然而然也就出现了装配式建筑构件。

以上可知，钢筋混凝土的问世就是从预制开始的，钢筋混凝土进入建筑领域就伴随着装配式建筑的进程。

三、当前装配式建筑中的主要问题

（一）粗放的建筑传统的障碍

精细，一直是混凝土建筑的基本要求，通过对发达国家的建筑案例的研究，不难发现，他们对于现浇混凝土建筑的要求中，精细一直是基本要求。因此，对于装配式建筑来说，精细应该在最初作为建筑的基本要求而存在，而不是被人们当作高要求或额外要求。另外，精细要求并不代表着投入资金的增加，实质上它并不会造成额外成本的增加，反而可能会因工厂化制作而出现成本下降的现象。然而，与国外的建筑工程对比，我国的建筑传统普遍呈现相对粗放的状态，为施工造成有形或无形的损失，其主要表现为以下几点：

第一，设计粗放，存在漏洞，等到发现问题时进行再次修改。我国建筑在最初设计时，常常存在设计不精细，审核不严格的问题。这就导致很多问题在设计中没有被规避，建筑构件的问题也没有被发现及解决，最后都在施工过程中爆发出来。而对于装配式建筑来说，很多构件问题如最开始设计时没有避免，它只有在安装时才会被发现，而这时施工已经开始，再进行更改已经来不及了，如不更改会对建筑造成不良的影响，若是停止施工，更改构件，不仅会造成不小的损失，还会极大的拖延工期。

第二，各专业设计存在“撞车”“打架”等问题。此类问题在建筑施工中屡见不鲜，属于一种常见的问题。在普通建筑的施工过程中，出现此类问题并不难解决，在施工下场就可以进行协商与调节，问题轻松就能得到解决。但是，装配式建筑的施工现场与其他施工现场不同，在进行装配式建筑施工的过程中，各部分之间没有沟通与协商的时机，“撞车”等情况无法第一时间得到调节与协调。这就要求在最初设计阶段，各专业之间提前进行协商。在设计时，必须更加精细与完善，在设计阶段将问题解决，不能拖延至施工环节。

第三，电源线、电信线安置不合理。在我国建筑施工中，对于电源线或电信线的安置过于随意，通常他们的管线、开关、箱槽等全都埋设至混凝土中。此类情况属于我国特殊情况，在发达国家这种状况是不存在的。而这种方式本身就存在风险，对于装配式建筑来说，更加不能采用。理论上来说，能够埋没在混凝土中的仅有避雷引线。而我国很多施工单位不愿意改变这一现状的原因，是因为若不采用埋入混凝土的方式，对于管线的安排，就要与国外一样，顶棚吊顶、地面加厚、增加层高。而这种方式的优势是显而易见的，但成本的提高也是非常明显的。

第四，对于螺栓后锚固办法的使用。螺栓后锚固办法是我国建筑施工中经常采用的一种方式，但是这种方式不适用于装配式建筑。因为，装配式建筑中构件比较多，而构件上应该避免打孔，所以不能使用后锚固法。因此，对于需要埋入构件中的预埋件，普遍采用的是在构件制作过程中直接埋入构件中的方式。这就要求在最初设计构件时需要将所有细节都设计精细，建筑、结构、装饰、水暖电等多专业共同设计，将埋设物在构件制作图中直接体现出来。

第五，误差较大。只要是施工，总会存在误差，但是在以往的建筑施工中，允许存在的误差值偏高，是以“厘米”计。但是装配式建筑的要求更为严格与精细，在它的施工过程中，“误差”是以“毫米”计。

第六，由于很多住宅在交房时都没有经过任何装饰，也就是所谓的毛坯房，很多房主在对住宅进行装修时会偷偷的凿墙挖洞，这种现象在装配式建筑中是坚决不允许的。如果住户一不小心打破了建筑结构很有可能会造成难以挽回的损失，严重的还会引起人员伤亡。在装配式建筑中，任何一个小的环节都不能被忽视，从构件的前期设计，到后期的实施安装，所开展的每一个流程都不能粗心大意，工作人员要保证做到精细、精准。虽然精细化工作会提高成本，但是在提高成本的同时也能够提高建筑的质量。装配式建筑发展至今受到的最大的阻力就是其为很多人留下了成本超高的印象，很多人在选择装配式建筑时会犹豫不决，甚至是放弃。

（二）技术有待完善

1．剪力墙技术有待成熟

剪力墙技术还没有走向成熟，很多国家并没有在建筑中应用此种技术，可供我们借鉴的经验少之又少。日本的装配式建筑十分发达，但是至今日本并没有在建筑中大量应用剪力墙技术。在日本建筑中，无论是筒体剪力墙还是剪力墙结构中的剪力墙所使用的核心筒都是现浇。在北欧，使用剪力墙技术的建筑也十分罕见，只是偶尔会出现底层或多层建筑是剪力墙装配式建筑，可供我们借鉴的优秀建筑也并不多。欧洲建筑中应用剪力墙技术的多为多层建筑，如双皮剪力墙就是欧洲最为典型的剪力墙装配建筑。

近几年，我国将剪力墙技术应用在高层装配式建筑之中，但是由于应用时间较短，还没有形成规模体系，技术仍然有待提高。

在我国现行的行业标准之中将剪力墙装配式结构作为重点对象进行规范，出于多方面考虑，提出所使用边缘构件一定要现浇的严格要求。这一要求的提出导致建筑的成本增高，所有的构件都需要现浇，工程的工期自然而然也会随之提高。

行业标准有相关规定剪力墙装配式建筑最大适用高度也比现浇混凝土剪力墙建筑低10～20米，这影响了装配式剪力墙建筑的适用范围。技术上的审慎是必要的，但审慎带来的对装配式化优势的消减必须得到重视，必须尽快解决。虽然靠行政命令可以强制推广装配式化，但勉强的事不会持久，对社会也没有益处。

提高或确认剪力墙结构连接节点的可靠性和便利性，使剪力墙装配式建筑与现浇结构真正达到或接近等同，是亟须解决的重点技术问题。

2．外墙外保温

对于外墙来说，保温与安全是两个重要的作用。从理论上来说，夹芯保温法更能提高外墙的保温水平，但是它会造成外墙的重量与成本的增加，同时，因为建筑的面积是以表皮为边界进行计算的，而夹芯保温会增加外墙的厚度，使建筑面积中的无效比例大幅度增加，造成空间浪费。因此，很多装配式建筑还是会选择传统的黏接保温层刮浆的外墙保温方法。

3. 吊顶架空问题

与国外相比，我国住宅的设计仍然存在一系列的问题，国外的住宅大多数都是顶棚吊顶、轻体隔墙、地面架空、同层排水，在楼板与墙体之间不需要埋藏管线，如果出现管线老化的现象也不要改变原本的结构去维修。我国的住宅建筑最明显的落后特征就是依然将电线、管线等埋置在墙体之中，如果出现问题只能改变墙体结构进行维修，这一问题要从根本上改变，实现吊顶、架空并不是设计者可以决定的事情，需要施工者共同参与。

在没有吊顶的情况下，顶棚叠合板表面直接刮腻子刷涂料。如果叠合板接缝处有细微裂缝，虽然不是结构质量问题，但用户很难接受，避免叠合楼板接缝处出现可视裂缝是需要解决的问题。

4. 装配式建筑化设计责任问题

装配式建筑的设计是装配式建筑中较为重要的一项工作，设计工作量较大。作为装配式建筑的设计者不仅要掌握建筑专业的基础知识，还有对装配式建筑的专业知识有深层次的掌握，同时，还要将自己所具有的专业知识应用到具体项目之中。装配式建筑的设计应该将建筑设计单位作为工作的主体，在整个设计过程中贯彻装配式建筑的设计理念，保证整个施工过程不会出现因自己失误导致建筑工作停滞的现象。需要注意的一点是，千万不要将现浇混凝土结构设计进行拆分，如果将混凝土结构直接交由设计单位或者是装配式建筑的厂家进行拆分，那么很有可能会导致重大事故的发生。

建筑工程中一直都存在很多危险的行为，事实上，工程的装配式建筑设计任务应该是由项目设计单位直接负责的，但是目前很多装配式建筑的设计任务都是由装配式建筑厂家或拆分设计单位承担的，项目设计单位只是最后在拆分图上进行签字确认，显然这种行为是极其不负责任的。

（三）成本问题

目前，装配式建筑发展遇到的最大阻力就是成本问题，与现浇混凝土结构方式相比，装配式建筑所需要花费的成本显然要高得多。成本过高也是现在很多建设单位不愿意接受装配式建筑的主要原因，原本欧洲人大力推崇装配式建筑是因为此种建筑极其节省成本，而且根据装配式建筑在国外的发展历程来看，半个多世纪的发展中也没出现过因装配式建筑成本过高而不被人们使用的现象。装配式建筑在国外已经逐渐成为安居工程的主要内容，如果真的存在成本过高的问题是不可能发展到如今的，基于种种现象，笔者开始探索我国装配式建筑中所存在的真实问题。笔者曾找到日本装配式建筑工人了解情况，并将中国的装配式建筑发展现状准确告知，这些技术人员也觉得这种现象的出现是不可思议的。但是，我国装配式建筑的现状就是如此，成本过高俨然已经阻碍了装配式建筑的发展，笔者对我国的装配式建筑成本过高问题进行了深入研究，总结出以下几点：

第一，为了增加建筑的质量和安全性不得不加大建筑的成本，很显然这些成本都被算在了装配式建筑的账上。列举一个十分常见的事例，在建筑中使用传统的粘贴保温法经常会引起火灾等事故，为了避免危害住户生命的现象出现，人们开始使用“三明治板”代替传统粘贴保温层刮灰浆的做法，但是“三明治板”的应用成本显然是要远远高于传统方式的。增加成本并不一定就代表建筑PC化，很多时候增加成本是增加了建筑的安全性，保证了建筑质量。

第二，外国的装配式建筑中经常用到柱、梁结构体系，而我国很多住宅所应用的结构体系为剪力墙结构，在此种结构中会使用大量的混凝土和钢筋，两者之间互相连接的节点较多，很大程度上增加了我国装配式建筑的成本。

第三，我国的装配式建筑技术是十分受限的。目前，在装配式建筑快速发展的社会背景下，我国的住宅建筑大都将剪力墙结构当作主要的结构体系，这对中国建筑业来说是一次全新的开始。因为国外并没有现成的经验能够为我国建筑工作者提供经验，国际上对剪力墙结构的研究也并不多，在技术上还有待完善，需要在不断实践过程中总结经验，在这个探索阶段中，技术严谨的同时，建筑的成本自然也就会随之增加。

第四，在装配式建筑发展初期，一切还没有形成固定的模式，工厂不能够及时为装配式建筑提供所需配件，很多材料的价格都是极高的，另外，因为没有形成固定的体系，设计、制作及安装三个环节的人工安排不当，导致效率低下，这些想象都会导致装配式建筑成本提高的现象出现。

第五，没有形成专业化分工。在装配式建筑已经取得了较好发展的其他国家，装配式建筑产品是有专业分工范围的，而装配式建筑处于发展期的中国，还没有明确的专业分工，也没有形成具有自己特色的专业优势。例如，日本早在多年前就有专门生产木墙板的装配式工厂，这一类型的装配式工厂的特长不同，有的工厂优势为生产叠合板，有的则为生产梁、柱等。总之，每个装配式工厂都有自己的特色和定位。通过借鉴别国装配式发展的经验来看，合理对装配式工厂进行专业化分工可以有效减少成本。

第六，我国很多装配式企业都想将自己的工厂做到最大化，这就导致企业的很多投资方向是错误的。作为一个专业的装配式工厂不应该仅仅顾忌自己的“高大上”形象，更应该重视工厂的生产实力，将资金全部用于建设工厂的规模是错误的行为，这一错误行为也导致装配式建筑成本的增加。

第七，装配式建筑中所使用的装配式构件所要缴纳的税务要更高一点，尤其是在装配式化的税收政策停滞之后，现浇混凝土的税率要低于装配式构件。在新制定的税收政策中规定，现浇混凝土只需要按照6%缴纳税收即可，而装配式建筑的构件则需要按照17%缴纳税务，两者相比较，现浇混凝土明显要比装配式构件少交11%的税务。营改增后，我国很多装配式构件的企业抵扣税都会增加，这一做法降低了装配式构件的纳税额，但是赋税调整的幅度并不大。

第八，劳动力成本因素。发达国家装配式建筑被人们和市场接受的主要原因是装配式建筑成本低于现浇建筑。对发达国家来说，人力劳动成本是十分昂贵的，而装配式建筑恰恰降低了劳动力的使用率，建筑成本自然也就随之降低了。而我国劳动力本就十分廉价，使用现浇建筑并没有比装配式建筑的成本高，另外，装配式建筑结构的连接也会产生一定的成本，这就导致装配式建筑的总成本上升。

第九，装配式建筑总成本高于现浇。在我国发展装配式建筑初期，并没有形成一定的规模，社会分工也并不明确，在当时的市场环境下，装配式建筑的成本要明显高于现浇混凝土建造方式，平均每平方米建筑成本会增加200～500元。除此之外，装配式建筑并不能够为社会带来很高的经济效益，人们对其产生偏见是正常的。随着政府出台政策鼓励装配式建筑的发展，装配式建筑的规模逐渐增加，建筑效率的提升是其优势最明显的体现。

（四）装配式建造的配套能力不足

我国的装配式建筑不具有较强的配套能力，至今还没有形成固定的产业链，无论是构件的生产设备能力，还是关键性的配件产品能力都呈现出不配套的现象，这些因素都将严重影响装配式建筑整体质量的提高，也会抑制我国装配式建筑的发展。

（五）对国外研究不透彻

至今为止，我国对装配式建筑仍然没有进行过系统、科学的研究。在很多装配式专家的演讲中会向人们介绍装配式建筑技术以及应用，有的文章中还会提及作者自己的主观感受，但是在所有的文章中都没有出现过具体的关于各种装配式建筑的数据。国外对装配式建筑的相关研究也是少之又少，根本无法为我们提供借鉴。

第三节 装配式建筑的分类与技术优势

一、装配式建筑分类

（一）按结构形式和施工方法分类

按结构形式和施工方法的不同，装配式建筑一般分为砌块建筑、板材建筑、盒式建筑、骨架板材建筑及升板和升层建筑5种。

1. 砌块建筑

用预制的块状材料砌成墙体的装配式建筑，适于建造3～5层建筑。砌块建筑适应性强，生产工艺简单，施工简便，造价较低，还可利用地方材料和工业废料。建筑砌块有小型、中型、大型之分。小型砌块适于人工搬运和砌筑，工业化程度较低，灵活方便，使用较广；中型砌块可用小型机械吊装，可节省砌筑劳动力；大型砌块现已被预制大型板材所代替。

2. 板材建筑

板材建筑又称大板建筑，是由预制的大型内外墙板、楼板和屋面板等板材装配而成。是工业化体系建筑中全装配式建筑的主要类型。

板材建筑的内墙板多为钢筋混凝土的实心板或空心板；外墙板多为带有保温层的钢筋混凝土复合板，也可用轻骨料混凝土、泡沫混凝土或大孔混凝土等制成带有外饰面的墙板。

建筑内的设备常采用集中的室内管道配件或盒式卫生间等，以提高装配化的程度。大板建筑的主要缺点是对建筑物造型和布局有较大的制约性；小开间横向承重的大板建筑内部分隔缺少灵活性。

3. 盒式建筑

从板材建筑的基础上发展起来的一种装配式建筑。这种建筑工厂化的程度很高，现场安装快。一般情况下，不但在工厂完成盒子的结构部分，而且内部装修和设备也都安装好，甚至连家具、地毯等一概安装齐全。盒子吊装完成、接好管线后即可使用。

4. 骨架板材建筑

5. 升板和升层建筑

（二）按装配化程度分类

根据其装配化的程度可将装配式建筑分为两大类：半装配式建筑和全装配式建筑。

1. 半装配式建筑

这类建筑的部分结构构件在工厂预制，预制构件运至现场后，与主要竖向承重构件（梁柱、剪力墙）一起浇筑。它的主要优点是所需生产基地一次投资比全装配式少，适应性大，节省运输费用，便于推广。在一定条件下也可以缩短工期，实现大面积流水施工，可以取得较好的经济效果及结构整体性好。

2. 全装配式建筑

这类建筑的全部构件如同积木房屋一样，在工厂里成批生产各个构件，然后到现场拼装。主要包括装配式墙板、板柱结构、盒子结构、框架结构等。全装配式建筑的维护结构可以采用现场砌筑或浇筑，也可以采用预制墙板。它的主要优点是生产效率高，施工速度快，构件质量好，受季节性影响小，在建设量较大且又相对稳定的地区，采用工厂化生产可以取得较好的效果。

二、装配式建筑的优势

相比于传统建筑及其建造方式，装配式建筑具有以下突出优势。

（一）保护环境、减少污染

与传统建筑相比，装配式建筑符合绿色环保的社会发展主题，在传统建筑工程的施工过程中，施工现场大多是采用湿作业的方式进行工作，施工现场的建筑材料和机械数不胜数，施工人员对大量的材料没办法准确管理，而且施工现场噪声极大，会对附近的居民造成噪声污染。传统建筑所导致的环境污染十分严重，除了噪声污染之外还有光污染、水污染以及泥浆污染等。通过对传统建筑为人们带来的影响进行分析之后，可以总结出装配式建筑对保护环境所做出的贡献，主要在以下几个方面有所体现。

第一，装配式建筑会减少碳排放量，因为装配式建筑在原料的使用上要明显少于传统建筑，能源的消耗降低了，碳排放量自然而然就会降低。

第二，传统建筑中使用的混凝土建筑构件需要进行运输，在运输混凝土的过程中就会消耗能源，而装配式建筑构件的重量只是混凝土的几分之一，运输起来所消耗的能源要明显少于运输混凝土。

第三，传统建筑工地上所产生的建筑垃圾十分多，装配式建筑所有构件都是按照标准定制的，即使在建筑工地上也不会出现大量的建筑垃圾，据统计，装配式建筑工地比传统建筑工地大约少80%的建筑垃圾。

第四，现浇混凝土会浪费大量的水资源，冲洗混凝土罐车也会产生大量的污水，在装配式建筑中完全不用担心污水排放量过大这一问题。而且，在工厂中制作构件所使用的水资源也是可以循环利用的，装配式建筑较传统建筑相比可以节约水资源20%~50%。

（二）减少施工过程安全隐患

装配式建筑有利于安全，具体表现在以下几点。

第一，工地作业人员大幅度减少，高处、高空和脚手架上的作业大幅度减少。

第二，工厂作业环境和安全管理的便利性好于工地。

第三，装配式建筑生产线的自动化和智能化进一步提高生产过程的安全性。

第四，工厂工人比工地工人相对稳定，安全培训的有效性更强。

（三）节省劳动力并改善劳动条件

1. 节省劳动力

与现浇建筑相比，装配式建筑更加节省劳动力。装配式建筑中工地上并不需要大量的劳动力，可以将工地上的部分劳动力分配到工厂，如此一来，工地上的人工就大大的减少了。如何控制节省劳动力的多少，这主要取决于工厂是否实现生产自动化，生产工艺自动化的程度。

（1）如果工厂中预制率较高，那么从事模板作业的人工就可以相应减少。工厂中所拥有的模具都是可以反复使用的，在工厂中拆模组模的人工作业也一定会比现场少。另外，预制率高不仅会影响模板作业人工数量，还会使得脚手架作业的人工大批量减少。

（2）如果工厂中实现了全自动化，将会节省大量的人工。反之，如果工厂的生产线只是充当移动模台的角色，则不会出现人工大量减少的情况。欧洲地区的很多构件生产工厂自动化程度十分高，如双皮板、保温墙等生产线已经基本实现完全自动化，在构件的生产过程中就可以直接节省至少95%的人工。据了解，日本工厂生产装配式建筑的构件自动化程度并不高，所以工厂在生产构件的过程中几乎没有节省劳动力。

（3）如果装配式建筑中所出现的结构连接点较为复杂，后浇区又比较多，投入的人工比较多；反之，如果建筑中结构连接点十分简单，后浇区较多，那么投入的人工就比较少。

通过笔者的分析和研究发现，欧洲的装配式建筑之所以能够出现节省大量人工的情况，是因为欧洲的建筑都是十分简单的，而且建筑的高度都不高，对于建筑也没有过高的抗震要求，在建筑中并不需要设置过多的结构连接点。

一般来说，装配式建筑比现浇建筑可以节省至少50%的综合劳动力，当然，这是在正常情况下，如果装配式建筑的预制率过低，工厂没有实现自动化生产，而建筑中又有较多的结构连接点，那么，想要节省劳动力就有一定的难度了。

综上所述，影响节省人工的因素有以下几个：第一，预制率的高低；第二，装配式建筑中所使用构件的标准化和模数化；第三，工厂是否实现生产自动化以及实现生产自动化的程度。

2．改变建筑从业者的构成

装配式建筑可以大量减少工地劳动力，使建筑业农民工向产业工人转化。装配式建筑会减少建筑业蓝领工人的比例。由于设计精细化和拆分设计、产品设计、模具设计的需要，以及精细化生产与施工管理的需要，白领人员比例会有所增加，由此，建筑业从业人员的构成发生变化，知识化程度得以提高。

3．改善工作环境

在装配式建筑中可以根据实际需求更换工作环境，很多现场作业可以转移到工厂内部进行，如高空或者是其他高处的工作可以相应调整到地面上进行；原本需要在室外忍受风吹日晒的作业也可以转移到工厂内进行，工作环境的改变会直接提高工人工作的速率。在传统的建筑施工过程中，工人们需要在工地建立起临时居住的工棚，但是在装配式建筑中工人可以直接住进工厂宿舍或者是工厂附近的居民区。装配式建筑最具有优势的特点就是使很多流动工人稳定了下来，他们不再需要远离家乡，远离老婆孩子才能工作。同时，在装配式建筑中经常会使用大量的机械设备，工人劳动时付出的力量强度会相应减少。

第四节　装配式建筑发展前景

一、我国新型建造方式总体趋势

虽然建筑业的发展脚步在不断加快，但是仍然有大量的建筑从业人员选择退出该行业，以前建筑业具有大规模、恒盈利的特点，很多人认为建筑在短期之内会快速崛起。随着装配式建筑的出现，建筑业行内的竞争变得异常激烈，选择退出的企业和从业人员绝大数是因为看不到盈利的希望。

有相关学者曾经对我国建筑业从事人员做过相关调查，结果显示，我国目前仍有5000万以上的建筑业工作者，由此可见，建筑业从业队伍依然是庞大的。随着“节能减碳”“绿色环保”理念的提出，我国建筑行业不得不做出符合社会发展的改变。一直以来，建筑行业都对人工劳动有着过分的依赖，采用“人海战术”来完成建筑显然在这个时代背景下已经不再受用，科技含量低、过分依赖人工会导致建筑进程缓慢、工作速率低下，对原材料的需求也会不断增加，这种生产组织方式违背了“节能减碳”“绿色环保”的发展理念。装配式建造方式将建筑业现存的问题解决，改善了劳动力短缺的现状，建筑业逐渐走向工厂化不仅对建筑业的发展有促进作用，对建造周期的缩短也能起到重要的作用。所谓的工厂化就是将工厂预制与现场装配结合在一起，使原本对手工的依赖改为对技术的依赖，这一生产方式的出现也代表使用“人海战术”的建筑业在这一阶段已经完结。

建筑业中所涉及的岗位是多种多样的，就土建这一领域来说，其中就包括焊工、水电工、管道工、木工等。装配式建筑被应用到建筑业之后，很多岗位的工人将会直接面临下岗失业的问题，因为很多建筑构件在工厂中就已经被做好，如窗户、墙体以及阳台板等都已经逐渐工厂化，工人在现场只需要将这些构件安装在准确的位置上即可。工厂化进程的推进导致装修业对木匠、泥匠的需求减少，不仅如此，在应用装配式建筑技术之后很多架子工也没有继续工作下去的意义，因为很多时候可以选择使用吊车等大型机械来代替脚手架，这不仅可以节省人力，还提高了工作的速率，加速了建筑工作的进程。

逐步升级传统的建造方式，降低施工现场工作量、湿作业和人力物料消耗。加强大型智能顶升模架，工具化大型模板、脚手架预拌砂浆，施工现场小型机械设备，工具化施工现场临建，钢筋集中加工、配送，预制叠合楼板，楼梯、阳台或墙板，数字化测量和检验技术等技术的研究、推广应用和标准化工作。

随着科学技术的发展，装配式建筑终将会为我国的建筑行业灌入新的生命力，同时，也会为我国建筑行业带来新的气象，其中最具有代表性的装配式建筑就是现代化示范基地，俨然已经成为一道独特的风景线。

装配式建筑能够促进我国建筑业的进一步发展，同时，它也代表着我国建筑业改革发展的新方向，装配式建筑不仅是建造方式上的改变，也是实现城镇共同发展的重要途径。大力发展装配式建筑不仅能有效节约能源，还能将劳动生产的效率提升到另一个高度，在传统的采用“人海战术”的建筑作业中，劳动工人的生命安全一直是需要重点关注的内容，在装配式建筑中，建筑的质量安全和劳动者的安全都能得以保障，不仅如此，装配式建筑还促进了建筑业与信息业的结合，推动了工业化的发展，激发了新兴产业的新功能。

据不完全统计，在“十三五”的大力倡导下，截止到2016年底我国就已经成功建立了50个国家住宅产地，装配式建筑的发展速度极快，整个行业在其推动下也呈现出蓬勃发展的趋势。在此背景下，很多新鲜事物也陆续涌现，如3D打印、零碳建筑等，它们都为装配式建筑的发展贡献了自己的力量，在一定程度上对装配式建筑的发展起到了推动的作用。

社会、经济及科技的快速发展都为我国建筑业提出了更高的要求，大力发展装配式建筑是顺应时代发展的必然结果，装配式建筑的发展不仅能有效促进建筑业的工业化进程，实现现代制造业与建筑业高度结合，还能够为城镇化进程提供一定的技术支持，加快城镇化脚步。

更多时候我们可以将装配式建筑看作建筑业产业化的一个重要载体，在社会所呈现出的经济新常态下，装配式建筑一定要加快自己的发展速度，争取早日进入一个全新的发展机遇期。在我国，装配式建筑的发展并不是一帆风顺，虽然装配式建筑已经获得了政府的重视，政府也陆续出台了一系列的相关政策，并且在全国各地推进，但是在市场经济的影响下，房地产投资持续减少，建筑业的发展脚步也开始变得缓慢。

在这样的社会环境下，装配式建筑的发展之路必然要经历一些波折和磨难，但是我们要坚信，中国新型建造的未来必定是由装配式建筑撑起的。

二、装配式建筑的问题解决

第一，政府应该加大对装配式建筑的扶持，主要表现在制定相应的政策，加大投资等。目前，装配式建筑成本过高，很多消费者和建筑开发商不愿意使用此种建筑技术。

第二，各地区政府可以大力倡导装配式建筑，宣传装配式建筑的优势，房地产上也可以大力宣传装配式建筑能够为消费者带来的好处，只有社会大众肯定了装配式建筑，装配式建筑才会获得快速的发展。

第三，在高校中，建筑类专业应该及时开展与装配式相关的课程，使建筑专业的学生对装配式建筑有所了解，所有建筑业的储备人才都应该明确装配式建筑与传统建筑的差异，这些大学生就是未来推动装配式建筑发展的主要动力。

三、装配式建筑发展前景分析

社会的发展、经济的发展都离不开科技的发展，我国已经提出“绿色环境”发展理念，在不断走向城市化进程的中国，建筑业得以发展也一定是受到了科技发展的积极影响。与传统建筑相比，装配式建筑十分符合绿色环保的主题，相信在未来的中国建筑业中，装配式建筑将占据主要位置。据不完全数据统计，在2017年3月国家对2020年之前所要建设的装配式建筑的数量进行了定位，预计在2020年装配式建筑的数量会占中国全部建筑总量的15%以上，其中，经济较为发达的一线城市预计会达到20%以上。绿色建筑已经成为当今建筑业的主题，在“十三五”规划中也明确提出国家将会陆续出台一系列政策支持、推行装配式建筑，大力鼓励绿色建筑。2017年以后，各省份都积极响应国家号召，开始大力发展装配式建筑。山东省威海市的成绩较为突出，所有的公租房都已经使用装配式建造，据统计，威海市装配式建筑占所有新建建筑总面积的10%，湖南省也开始重视装配式建筑的发展，制定了相关的推行政策，引导人们正确认识装配式建筑，无论在数据上，还是在社会现象上都能看出装配式建筑仍有很大的发展空间。

随着中国经济市场的发展，建筑业中已经不断引进国际上的技术，但是受到国别、地域的影响。在我国，国外的建筑施工技能很多不能被应用于建筑中，中国的建筑业要想创造出更好的未来，就一定要严格控制造价、管理模式以及技术体系，单纯地改变建筑方式并不能推动我国建筑业的发展，只有将整个领域的整体打破才能取得十分明显的创新效果。

第二章 装配式建筑结构设计与应用

装配式建筑是一种特殊的建筑形式，这种建筑形式下的建筑是拼装而成的，首先，由工厂对建筑的部分构件或者是全部构件进行加工，然后将加工后的各个部分运输到施工现场，最后，将所有预制构件进行拼接，使所有构件经过组合，形成新的建筑。简单地讲，这种建筑形式与造汽车之间非常类似，我们可以像造汽车一样造房子。装配式建筑形式的优势在于，在建造速度上会明显比传统建筑形式更快，在很大程度上，不会因为气候条件的原因受到严重的影响，既能够保障建筑质量的提升，还能够使劳动力得到节约。装配式建筑这种建筑形式可谓是工业化建筑中非常重要的一部分。按照材料对装配式建筑进行划分，可将其分为土结构、钢结构以及木结构三种。

第一节 装配式建筑主要结构分析

一、装配式混凝土结构

（一）装配式混凝土结构的内涵与特征

装配式混凝土结构指的是装配式建筑的预制构件是由混凝土制成的，也就是利用可靠的连接方式将混凝土制成的构件进行装配。这种建筑称作装配式建筑，从结构的视角看，这种结构则属于装配式结构。整个装配式混凝土结构的形成过程中，除了要对所有的混凝土预制构件进行组装以外，还要在连接后，现场通过浇混凝土、水泥基灌浆料的方式，使整个装配式混凝土整体受力。

在建筑结构的未来发展中，装配式混凝土结构是重要的发展方向。当前，随着我国城镇化的快速发展，政府不仅要考虑到如何建设城市，更要给予新型城镇化、工业化、信息化可持续发展问题充分的关注。当然这不仅是研究者需要考虑的问题，也是企业所要承担的社会责任。如今，我国社会经济高速发展，建筑行业的建造模式却没有太大的进步，一直以来，传统的建造模式带来的高能耗、高污染、低效率的问题依旧存在。想要建设新型城市，如果还将建筑业看作是劳动密集型的企业，那么想要实现进步与突破是难上加难。另外，我国劳动人口呈现负增长的趋势已经显现，这对于劳动成本和劳动力来说都是一种无形的压力，为了与国家可持续发展的必然要求相适应，在建筑行业，必须将传统的生产方式进行扭转，使新型建筑工业化得到发展，将装配式混凝土结构作为核心，推动行业的进步。

与传统现浇混凝土结构相比，装配式混凝土有几个明显的特征。

1. 提升建筑质量

对于建筑体系和运作方式来说，装配式混凝土结构可谓是带来了一场巨大的变革。装配式混凝土结构与传统方式比对，并不仅仅是在工艺上发生了改变，更重要的是，这种建筑方式能够有效地提升建筑质量。

一是提高建筑的设计质量。装配式混凝土结构的设计要求非常严格，精细化和协同化是装配式混凝土结构必备的两点要求，一旦在设计过程中，不能够达到精细的标准，那么，最后所造成的损失是非常大的。因此，装配式混凝土结构在倒逼设计，要求在设计阶段必须做到精细、协同而且足够深入，只有这样，才能够保障建筑的品质与质量。

二是提高预制构件的生产质量。预制构件在正式使用之前，都经历了一个制作时期，这个制作时期中，混凝土构件需要在精致的模具和模台上，为了保障构件的精致与完整，必须要确保模具的严丝合缝，不能够在制作中出现漏浆现象，另外，为了保障构件的质量，也为了操作起来更加方便，大部分情况下，会将墙、柱等立式构件放倒，“躺着”浇筑。有条件的预制工厂，会采用蒸汽养护的方式，对混凝土浇筑、振捣以及养护等多个环节实施计算机控制，这样在保障温度的同时，还可以保障湿度。通常情况下，现浇混凝土的使用会采用厘米计算误差，但是在预制构件中，误差是用毫米来衡量的，因为只有非常微小的误差才能够使装配式构件得到无缝连接，而误差大的构件，不仅没办法装配，对于资源来说也是一种浪费。从某种程度上来说，高精度的预制构件能够为现场后浇混凝土部分的精度提升起到促进作用。另外，预制构件的生产质量得到提升，对于外饰面与结构和保温层来说，也有极大的助益，可以起到提高耐用性、降低噪音等作用。

三是对质量管理有很大益处。装配式建筑与传统建筑最大的区别就在于，这种建筑形式，真正实现了建筑、结构、装饰一体化，减少了传统建筑中存在的隐患。另外，装配式建筑的构件都是在工厂建造的，这远远比工地现场制造更细致，由于经过了更全面、细致的检查，质量上也更有保障。装配式建筑改变了传统建筑行业中层层竖向转包的现象，使建筑业向扁平化分包过渡，前者的弊端在于，建筑质量的责任与农民工之间的联系密切，但是农民工的流动性太强，想要有所保障，还是有一些困难的，后者则是将责任落实在工厂，专业化的制造工厂制作了构件，若是构件的质量出现问题时，责任追究和落实更容易。

2. 节省劳力，提高作业效率

装配式混凝土结构建筑的劳动力节省受到几个方面的影响，分别是预制率的大小、生产工艺自动化程度以及连接节点设计。工程中，涉及的这三个方面如果比较简单，那么劳动力上，劳动力就会节约50%以上。但如果PC建筑这三个方面都比较麻烦，或者是后浇区过多，在劳动力上想要节省就很困难了。不过就目前的趋势来看，生产工艺自动化程度势必推动预制率的提高，构件模数化和标准化提升的过程中越来越好，这样节省人工的比例也会随之增加。

工作环境上，由于装配式建筑的大多数作业都是在工厂中进行的，这样不仅将很多高空作业转移到了平地，更是避免了在室外受到风吹雨淋的影响。

从生产方式上来看，装配式结构建筑是一种集约型生产方式，在制作构件上，想要大幅度的提高生产效率，是离不开机械化、自动化以及智能化的发展的。

装配式建筑把很多现场作业转移到工厂进行，高处或高空作业转移到平地进行，风吹、日晒、雨淋的室外作业转移到车间里进行，工作环境得以大大改善。在欧洲，有些专业工厂专门生产叠合楼板，虽然生产线上的工人只有6名，但是年产量却能够达到120万平方米。这样的生产量如果是在纯手工的作业方式下进行，则需要200名工人。足以见得，这种建筑形式的优越性。除此之外，劳动力资源在构件工厂中的分配更均衡、方便，由于不受气候条件的限制，即便是在下雨的天气，构件的制作工作也是照常进行的。

3. 节能减排环保

装配式混凝土结构建筑的节能减排环保主要体现在节约材料，减少模具消耗以及提高材料利用率上，尤其是减少木材消耗的问题上，这种建筑形式的优势更是明显；相比传统的建造形式，预制构件省去了找平层和抹灰层的步骤，因为预制构件的表面原本就足够干净平整了；工地现场再也不需要满是脚手架，省去了很大一部分脚手架材料；在围护、装饰、保温等环节，由于装配式建筑的精细化与集成化作用，材料与能源的消耗都会得到减少，相应的碳排放量也会随之减少；与现场生产相比，工厂化生产能够让废料、废水的控制与再生利用更容易。材料的节省，使工地建筑垃圾过多问题得到了解决，控制了工地的污水排放量，这对于建筑行业以及环境来说都是非常有意义的。在预制构件的工厂中，水资源节约问题做得很好，很多养护用水可以再利用。最后，装配式建筑的存在对于人们的生活带来更多的福音，以前建筑工地施工噪声过大、粉尘过大，周边居民生活受到影响，有了装配式建筑这一形式，这些问题都能够迎刃而解。

4. 缩短工期

受到预制率的影响，装配式建筑的工期能够实现大大地减少。如果预制率高，工期的缩短时间就会更多。相反，如果预制率较低，现场的浇量又比较大，工期缩短的时间就比较少。北方地区为了缩短总工期，往往会利用冬季生产构件，这是非常有效的方法。

对于建筑项目的整体工期来说，由于装配式建筑能够有效减少湿作业，使外墙的围护结构与主体结构能够一气呵成，很多施工环节不必再等到主体结构完工后再去实施，这样的施工同步进行，主体结构施工结束时，所有的环节也已经接近尾声，工期缩短是必然的。装配式建筑缩短工期的优势，在精装修房屋的项目上，更能够体现。

5. 发展初期成本偏高

不过，与现浇混凝土结构相比，装配式混凝土结构建筑的成本在发展初期是比较高的，这也是很多建筑单位不愿接受装配式建筑形式的原因。只有当建设项目的规模足够大的时候，才能够使建设成本降低，而地区建设、城市建设在规模上，还是比较小。厂房设备为了这样的小规模建设需要付出的成本很高，想要维持运营是非常艰难的。在初期阶段，工厂的规模化不足，无法实现均衡生产，加之很多专用材料与配件的价格过高、人才上的不足，成本过高并不意外。

6. 人才队伍的素质急需提升

作为一种劳动密集型的产业，人才队伍的整体素质是非常重要的，传统的建筑行业，现场工人无论是在能力上还是在素质上都存在很大的不足。在装配式建筑不断发展的趋势下，体力劳动不会再占据太多的比例，对于技术型人才的需求却比较急迫，因为装配式建筑的操作工序是对精准要求极高，只有高素质、懂技能的人才，才能够更好地利用技术，促进装配式建筑的发展。

（二）装配式混凝土结构体系的分类

装配式混凝土结构体系包含两种，分别是专用结构体系和通用结构体系。通用结构体系是专用结构体系发展的基础，专用结构体系只有建立在通用结构体系的基础上，才能够实现对建筑功能以及建筑性能的不断完善。

现浇结构和装配整体式混凝土结构分为剪力墙结构、框架结构及框架—剪力墙结构三个类别。由于工程高度、体型、功能热点等因素的不同，在结构体系的选择上，也有很大的差异。同时，这些因素也是建筑结构体系选择的主要依据。

1．框架结构

（1）主要组成。

框架结构的主体主要是由梁和柱连接构成的，通常情况下，在框架结构中，会将梁柱之间的节点做成钢接，当然，这并非是唯一的形式，铰接或半铰接也是做节点的两种其他方式。一般会采用固定支座的方式来做柱的底部，只有在特殊的情况下才能够设计成铰支座。框架结构中，柱应该做到上下对中、纵横对齐，这样能够保障框架的受力均匀，要确保梁柱的轴线在统一竖向平面中。为了使建筑能够满足造型和使用功能上的需求，可以采用如图2-1所示的方式进行布置，这种布置方式主要是将框架结构做的内收、梁斜。

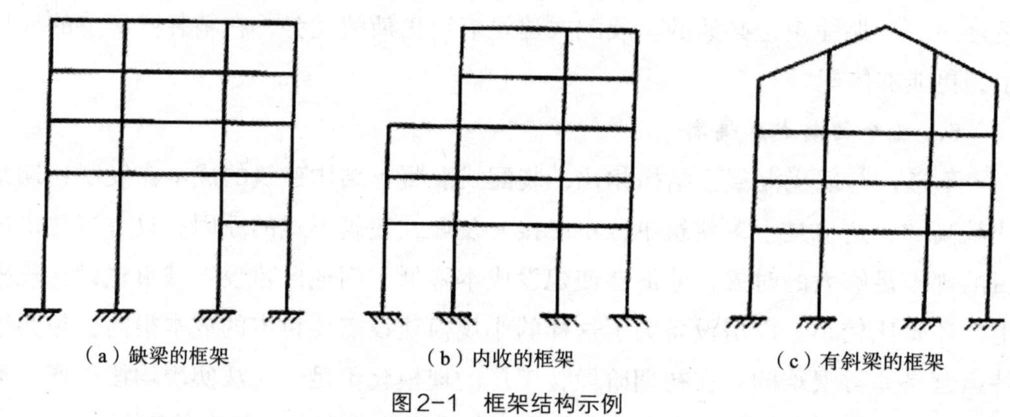

（a）缺梁的框架　　（b）内收的框架　　（c）有斜梁的框架

图2-1　框架结构示例

（2）平面布局。

框架结构在布置上需要考虑的问题有很多，为了使框架结构能够更好地布置，各方的需求都应该给予满足。一方面要充分考虑到建筑平面的布置情况；另一方面还要确保生产施工的要求能够得到满足，同时，要保障施工上的渐变、结构受力上的合理性，尽可能地节约工程造价、加快施工进度。除此之外，在建筑过程中，还应该考虑到构件的最大重量与最大长度，因为只有在条件允许的范围内，才能够保障设备能够正常的运输，要尽可能地减少构件的规格种类，使工厂化生产的效率与质量得到提升。

要尽量保持柱网在尺寸上的统一性，确保跨度与抗侧力构件的布置是均匀对称的，充分考虑到布局过程中，竖向荷载作用下，内力的分布情况，保持起均匀，使偏心减小，降低扭转效应所带来的负面影响，另外，还要注意将各个构件进行充分利用，真正做到物尽其用。柱网的开间与进深，最好控制在4～10米最佳。整个构件的设计师需要以建筑的使用功能为基础的，也就是说，要在明确建筑的使用功能以后，才可以进行布局设计，这样能够尽可能的保障工程的布局合理性。不同的柱网使用于不同的建筑（图2-2），在建筑中所起到的作用也不同，如图2-2（a）所示是一种较大的柱网，这种柱网更适合建筑有较大空间的公共建筑，不过使用这种类型的柱网，大梁的界面尺寸就会增加。图2-2（b）是一种小型柱网，这种柱网更适合比较小建筑，例如，旅馆、办公楼等，这种柱网的梁柱截面尺寸相对比较小。在框架结构设计过程中，必须要保证设计与实际需求向符合，要注意不符合实际情况所带来的危害与后果。

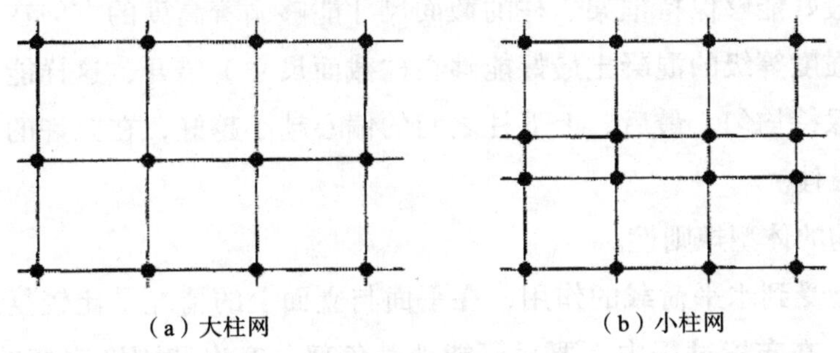

图2-2　柱网布置示意

（3）平面布置。

框架结构主要承受竖向荷载，按楼面竖向荷载传递方向的路线不同，承重框架的布置方案有横向框架承重、纵向框架承重和纵横向框架混合承重三种。

①横向框架承重方案。在横向布置框架承重梁是横向框架承重的方案，在纵向布置连系梁，楼面的竖向荷载由横向梁传至柱。横向框架往往跨数小，为了利于提高建筑物的横向抗侧刚度，要求主梁岩横向布置。为了利于房屋内的通风和采光，按构造要求纵向框架要求布置较小的连系梁。

②纵向框架承重方案。纵向布置框架承重梁是纵向框架承重的设计方案，在横向布置连系梁。为了利于设备管线的穿行，横向梁要求高度较小，这样楼面荷载可由纵向梁传至柱；如果房屋纵向的物理力学有较明显的差异时，房屋的不均匀沉降可以通过纵向框架的刚度来调整。如果在房屋纵向的物理力学有较明显的差异时。预制板的长度限制了进深尺寸，房屋的横向抗侧刚度差，这些是纵向框架承重方案的缺点方案。

③纵横向框架混合承重方案。纵横向框架混合承重方案是在两个方向均需布置框架承重梁以承受楼面荷载。当楼面上作用有较大荷载，或楼面有较大开洞，

或当柱网布置为正方形或接近正方形时，常采用此种方案。纵横向框架混合承重方案具有较好的整体工作性能，有利于抗震设防。

（4）框架结构的竖向布置。

框架在布置过程中，高度上务必要与各层的平面柱网尺寸一致，保持框架、柱之间的对齐。尽量控制好框架与柱，不要因为某些楼层的原因将框架、柱取下，容易导致不规则框架的形成。

若是建筑功能要求做成不规则的框架，则要结合实际情况，采取一系列的措施来解决问题，例如，增加边梁配筋、加厚楼板等，都是行之有效的方法。需要注意的是，竖向不规则框架架构在高烈度震区是不适合使用的，或者在使用中一定要谨慎。最好能够保持框架、柱的截面尺寸能够循着高度的方向在大小上发生变化，不同强度等级的混凝土最好能够在柱截面尺寸上错开，这样能够使结构在刚度变化上保持均匀。最后，上下柱之间的偏心越小越好，在允许的情况下，保持中心对齐最佳。

（5）结构的体型规则性。

建筑体型受到水平荷载的作用，在平面与立面上的情况是比较复杂的，由于其不规则性，在布置过程中，要尽可能地避免部分突出和刚度突变的现象发生。针对这一问题，尽快解决是上策。但如果不能够及时地避免这种情况，需要在布置过程中加强结构布置。如果房屋平面上存在突出的部分，则需要对突出部分产生的力进行推测，对突出部分的框架梁和柱要给予充分的固定与加强。

2. 剪力墙结构

（1）剪力墙结构的特点。

剪力墙结构通常也被称作抗震墙结构，是一种由混凝土力量同时承受竖向荷载和抵抗侧向力的结构。

整体性和抗震性良好，是剪力墙结构具备的优势，也是其最明显的特征。数据显示，在多次地震中，剪力墙受损程度相对较轻。设计过程中，由于受到楼板距度的阻碍，筒仓情况下，会将其开间设计成3～8米，这样做非常有利于住宅、旅馆等多层建筑的使用。

（2）剪力墙的结构布置。

在结构布置上，最好和现剪力墙之间保持一致，越简单、越规则、越对称越好，平面布置过程中，一定不要用严重不规则的平面。

应向布置是剪力墙在平面布置中比较常用的方式，通过开洞设计，使剪力墙的门窗保持上下对齐。这样做也是为了更好地形成联肢性剪力墙。

3. 框架—剪力墙结构

在计算过程中，框架—剪力墙结构采用的是楼板平面刚度无限大的假设。这种假设的意思是指在自身平面内楼板是不变形的。水平力在楼板的传递下，按照抗侧力刚度分配到剪力墙和框架上。实际上大部分的水平力是由剪力墙承担的，刚度很大，所以在地震发生时，框架—剪力墙结构的第一道防线是剪力墙，其次才是框架。

二、装配式木结构

木结构的历史是非常久远的，追溯起源大概是在3500年以前。自从中华人民共和国成立以后，建筑中砖木结构的使用比重就非常大，这种结构的优势在于材料上容易获取，也易于加工。直到20世纪七八十年代，这一现象开始发生了转变，森林资源的急剧下降，为我们的生活敲响了警钟。此时的工业得到了巨大的发展，在这样的发展背景下，钢铁、水泥实现了进一步的突破。于是，木结构的建筑越来越少，甚至在各大高校，关于木结构的课程也逐渐停止，在木结构的研究与应用上，渐渐呈现出停滞的趋势。后来，中国加入了世界贸易组织，与国外在木架构建筑领域上交流非常多，无论是在技术，还是在商贸上，活动都非常活跃。1999年，我国正式成立木结构规范专家组，对《木结构设计规范》进行全面的修订，至此，木结构建筑在我国才开始出现转机。度过了寒冬的木结构建筑，终于在2001年的时候，迎来了新的春天，我国木材进口零关税政策的实施，令很多国外企业开始意识到中国市场的好处，纷纷在中国落地生根，同时，中国也引进了现代木结构建构技术，为中国木结构技术的长远发展提供有力的支持。

木结构建筑在发展过程中并非是一成不变的，特别是发展的政策环境，一直在被不断的优化。国家最新发布的几个文件中，就对木结构在地震多发区以及政府投资学校、养老院以及园林景观等新建低层建筑中的使用做出了标准划分，伴随着相关标准规范的不断更新，木结构建筑的技术标准体系也更加完善。国内外专业的科研机构对木结构建筑的耐久性进行了深入的研究，并取得了很大的进展。我国在上海、南京、绵阳、青岛等地区也建设一批木结构建筑技术项目试点工程，旨在为木结构项目技术与标准的完善提供经验。这些举动对我国结构建筑的推广有很大的作用，为木结构建筑企业的发展奠定的坚实的基础。以下几点是木结构的特征。

（1）木结构建筑的主要作业是由木工来完成的，这对于控制施工现场污染来说有很大的用处，另外，木结构建筑的施工误差小、精度高，是非常难得的。

（2）木结构的抗地震性能非常突出。因为在设计原理上，木结构建筑所采用的就是六面体“箱式”设计，所以稳定性很好，即便是遭受到很大的外力，也会保持稳定。

（3）木结构建筑非常适合定制式住宅。因为木材的重量是非常轻的，这是木材具有的独特优势，在设计上能够与大梁和楼面混为一体，这对于定制式住宅来说，不仅能够保证在空间布局上更灵活，还能使住宅的方便性得到提升。

（4）木材作为建筑材料，能够大大提高部件技术的合理性，提高产业化程度，为施工工艺的先进发展提供保障，而且木材的透气性、穿透性也比其他材料好。

（5）木结构建筑的碳排放量最低。

（6）木材结构建筑的抗热性能极佳，隔热效果非常好。

（7）木材结构建筑的舒适性更好。在木材结构的建筑中多采用石膏板做内墙，石膏板在储水、释水的性能上非常卓著，如果室内的空气过于潮湿，石膏板就会将空气中多余的水分进行吸收，如果室内的空气过于干燥，石膏板就会释放出一些湿润的空气，确保湿度能够得到调节。所以木结构建筑，不仅能够隔音，还能起到防潮的作用。

（8）施工现场的工作量逐渐减少，因为装配式建筑的主要工作就是进行组装，在操作上是比较简单的，通常情况下，8～12个专业工人，可在70个工作日内完成300平方米建筑的建设工作。

（9）当前全球环境问题严重，木材的建筑不会对环境造成二次污染，居住者所处环境也是绿色环保的。

（10）对生态建设的发展大有裨益。

三、装配式钢结构

我国钢结构的发展最早出现在20世纪五六十年代开始，在60年代后期至70年代出现了停滞的情况，随着国家经济发展步入正轨，20世纪80年代之初，钢结构在建筑使用上开始出现转变。由过去要求的“节约用钢”开始向“合理用钢”转变。21世纪以来，有关钢结构使用的政策相继出台，“合理用钢”的理念又开始向“鼓励用钢”转变，在这些政策文件的推动下，钢结构建筑的发展进入了高速时期。对于建筑行业来说，钢结构建筑的发展是至关重要的，特别是在推动“供给侧改革”的道路上，钢结构更是提供了行之有效的途径。当前装配式建筑的发展中，钢结构建筑的作用仍然非常关键，不仅因为这种结构安全性高、效率高、绿色环保，还因为这种材料并非一次性，而是可以循环使用的。这与可持续发展战略之间是非常契合的。

（一）装配式钢结构的优点

与传统建筑形式相比，钢结构住宅的优势主要体现在以下几点。

1. 钢结构的重量轻、强度高

钢结构打造的住宅重量大约是钢筋混凝土住宅能够的二分之一。所以重量上的减少就意味着，在基础工程造价上，钢结构更低。由于房屋自重的减少，在住宅面积上，就会有所增加。对于用户的不同需求，钢结构也能够一一满足。特别是喜欢大开间、大进深的用户，钢结构更有利于大空间的打造。

2. 与产业化要求相符合，工业化程度得到提升

由于钢结构大多数是在工厂进行制作的，所以想要大批量地进行生产并不是一件难事，另外，在安装上钢结构住宅构件安装相对灵活、方便，对房屋建造模式的改变来说有重大意义。钢结构房屋的发展，对于生产力的发展以及住宅产业的集约化发展有着重要作用。

3. 钢结构建筑的施工周期比较短

通常情况下，3～4天就可以完成一层建筑的施工，甚至在快的情况下，1～2天也可完成。钢结构住宅体系，大多数情况下，都是将工厂制作的构件在现场进行安装，这对于减少现场作业量来说非常重要，这也是施工周期能够大大减少的主要原因。一旦施工周期能够缩减，施工过程中，所涉及的各项现场费用、资源消耗等也会相应缩减，不但达到了节能减排的目的，更是实现了绿色环保的目标。钢结构建筑与钢筋混凝土结构相比，优势不仅如此，更重要的是钢结构建筑大大减少了建设成本，使资金的周转率得到加快，并在投资收益上更提前。

4. 钢结构住宅的抗震性能更好

特别是在一些地震高发区域，钢结构建筑的作用更加明显。因为钢材料是一种具备弹性变形特征的材料，不仅能使房屋的性能得到改善，还能够保持良好的延展性，由于自身重量较轻，所以安全性更可靠。从研究数据就可以看出，地震后住宅倒塌中钢结构住宅的数量是非常少的。

5. 装配式中选用的钢结构，都是可以回收再利用的建设器材

建设中使用的材料都是绿色健康，节能环保型的，节能指标也占据超高的比例。也正是响应了建筑节能的可发展性，钢结构建筑的使用，很大程度上减轻了

对不可再生资源的破坏和使用，资源也得到了保护。钢结构的框架用保温墙板来制作，代替了黏土砖，进而传统工程常使用的水泥、沙土、石灰的用量也相对减少，施工现场的工作环境得到了大大的改善。

6. 钢结构建筑的使用，开辟了新市场

在住宅房屋的建造中使用钢结构的器材，开辟了钢铁工业的新市场，也能够进一步的研制新型的建筑材料。

（二）装配式钢结构的缺点

1. 钢结构耐热不耐火

装配式钢结构有一个最致命的缺点，耐火性相当的不好，但可以承受超高的温度，当温度达到150℃时，钢的强度才只有微弱的变化。对于有特殊要求的钢结构，在使用时要采用隔热和耐火的专门举措。钢结构温度的变化对钢内部的组织结构会造成很大的影响，钢的性能也会随着温度的上升和下降的变化做出变化，钢结构的承载力也就会大大的下降。当温度达到450～650℃高温状况时，钢结构的耐火性能差，就会有突然崩塌的现象发生。

2. 钢结构易锈蚀、耐腐蚀性差

钢材与铁器一样，容易变质或是生锈，特别是在相对潮湿且阴暗以及环境中带有腐蚀性介质的地方，都需要定期的维护和修缮，这就免不了产生一笔修补的费用。

（三）超轻钢建筑

目前还有一种超轻钢结构，除了具备装配式混凝土结构绿色环保的特点外，由于其材质的特殊性，超轻钢结构还有以下特点。

1. 智能高精度

超轻钢也是一种绿色环保的器材，智能化超强，超轻钢的选材是国际上最为先进的全智能化科技设备，进行加工、制造得成，完全依靠电子信息技术，生产以及制作的都是由电脑或是远程操作完成的。精准度极高，只会存在微弱的误差，且是人工无法比拟的。

2. 工期短

由于超轻钢实际上具备最为先进的全智能化科技设备的特性，施工现场的工作量不是特别的紧张和密切，通常来讲，有些钢结构的整体装配工作在3个工作日内就可以高质量地完成，节约了大量的人力拼接时间，提高了工作效率，也减少了物流运输的费用。

3．高舒适度

超轻钢除自身的优点和特质外，某些性能上与木结构相同，舒适性极强、恒温、恒湿。正是因为超轻钢能够隔声、隔热还能够保温。在进行施工作业时，都采用干式的方法，也就是墙体四周以及屋顶的保护墙板都使用的是纸面石膏板，纸面石膏板的储存性能很强，能超过自身体积的九倍分子，能够起到调湿加温的作用，能够在梅雨季节储存水分，在干燥季节释放水分，外墙设计还加有防风透气保护膜，能够有效的防风，墙壁内的湿气也能够向外排放。

第二节　装配式建筑结构设计技术

一、装配式建筑设计技术

传统模式下的建筑设计是先进行建筑工种设计，再进行工种设计的协调，这和装配式建筑设计技术有很大的区别。装配式建筑设计从设计概念和理论上来讲，与传统型的建筑工程设计理念是相同的。其中设计涵盖了很多方面，像规划、设备、给排水、结构、装饰等。设计流程也分为方案设计、初步设计、施工图设计等。装配式建筑设计的原理和传统设计是相同的，但装配式建筑的设备、设施以及零部件都是在工厂生产，且具备一定的规模，部件要绝对的标准化。装配式建筑设计和传统建筑设计不同的是，装配式建筑的设计方法是统一集成化，为部件的集成化生产创造了先决条件。

装配式建筑的设计是从BIM软件的建筑设计模块开始的，整体是按照装配式建造的设施进行实施和完善的。BIM是建筑信息化管理软件，包含了建筑工程的所有工程实施过程管理。装配式建筑的建筑设计和传统的建筑设计的理念是一致的。当建筑规划设计形成后，按照规划来进行建筑设计。首先做出建筑方案设计，方案顺利通过后，进行整体建筑的初步设计。在建筑的初步设计中，装配式建筑与传统设计的方法和使用的计算机软件有很大的不同，现在装配式建筑设计都要求采用建筑信息化软件。

（一）装配式建筑整体设计

装配式建筑设计的原理和传统设计是相同的，在整体的建筑规划上，还是继续沿用传统的建筑设计理念。要充分地满足客户的要求、环境、功能设施、美观程度等因素。但涉及具体的工程实施时，与传统的建筑设计就大相径庭，比如平面、立体、剖面等建构上。通常在做建筑整体性设计时会先手绘一幅草图，根据草图的模型在BIM软件的建筑设计模块上做建筑构件设计，设计初步完成后，将其组装成三维立体结构的模型，从而生成了立体建筑的平面、立面和剖面图。

在设计装配式建筑过程中，要对建筑构件的设计、生产工艺技术进行模拟等，虽然比较繁琐，但能够通过BIM软件进行仿真模拟达到预期满意的效果。装配式建筑的模型是一个大数据，是一个真正意义上的建筑信息模型。这些所涉及的数据和三维数据融合到一个建筑信息模型中，相互之间是存在着必然联系的，对装配的程序和步骤都有一个规范性的说明。

1．平面设计要点

在完成并且满足平面设计的功能需要时，装配式建筑中各种零部件的尺寸规模大小还要和模数相一致。其实，装配式建筑的设计与建造是一个系统工程，都要考虑到整体性设计需要注意的方向，例如，各个功能空间的尺寸大小，还要考虑到部件的承载量大小，进行合理的规划和设计。

装配式建筑平面设计有三个大的方向需要格外注意：其一，要充分考虑预制构件生产的工艺需求；其二，充分考虑设备管线与结构体系之间的协调关系，例如，给排水功能、结构、电气、暖气等，需要多个工种相互协调搭配完成；其三，还要考虑管道与平面位置之间的关系。

2．立面设计要点

（1）在生产预制外挂墙板时，为了节省时间和提高效率可以将外墙饰面材料与预制外墙板同时制作出来。因为预制的混凝土可塑性超强，不同形状的外挂墙板都能够做到。建筑物的外观表象也可以进行调节和设计，通过虚实、纹理、色彩、质感等手段来满足和实现多样化的外装饰需求。由于外挂墙板的工艺性特点，建筑面的混凝土也有多种形式，来实现建筑面的标准化模式。

（2）预制外墙板的各类接缝设计应构造合理、施工方便、坚固耐久，并结合本地材料、制作及施工条件进行综合考虑。

材料的选择上一定是超级防水的密封材料，而且要选用耐候性密封胶。在外挂墙板的板缝连接处，要做到保持墙体保温性能的连续性。如果外墙板是夹心形式的，当内叶墙体为承重墙板，邻近的夹心外墙板中含有后浇混凝土时，夹心中的保温材料的选择应是A级不燃材料，且是保温材料，像岩棉等填充物。材料防水的功能就是体现在靠防水的材料拦截水的流通，有效地进行防水，减少隐患。

（二）装配式建筑构件设计

预制构件在着手设计时，若预制构件的尺寸过大应该做出适当的改造，做到符合当地对于建筑的规定和要求，有规划、有组织地增加构建的脱模数量以及预埋的吊点。装配式建筑要做到始终坚持规范化和标准化的原则，在对预制构件设计的过程中，保证构建的精确程度和规范化，减少构建的种类和工程步骤，降低生产成本。预制装配建筑中所出现的异形、降板等现象，应采用现浇施工形式。还要注意构件产品的可行性、便捷性和安全性是否符合标准。空调和散热器安装的合理性取决于预制外墙板的设计结构。材料的选择上，要选取易于安装、隔音性能好的隔墙板当作建筑构造中的非承重内墙。

预制装配式建筑的内部装修所选用和使用的材料、设备设施、能够承受的年限，都要按照现实的使用状态去加以预测和衡量。预制装配式建筑内装修设计需要遵循部件、装修、建筑一体化等原则，要符合国家对部件系统设计的相关规范，预制构件必须要达到安全、节能、环保、经济等要求。规格适应且符合的部件要成套的供应，通过对构建与产品参数、结构性能、技术连接的优化来实现构建与部品的兼容性与通用性。在装修部品结构时要将可变性和适应性作为指导原则，将后期的维护改造工作也做到极致。

装配式建筑的构件设计首先是满足建筑产品的标准化，换句话来讲就是，建筑物的整体建构都是统一的构建生产标准，构建的设计最需要做到的就是集成化和标准化。因为构建的生产过程就是集成化生产，还是大批量、大规模的生产模式，有了数量的支撑，经济效益也有所提升。

装配式建筑墙体组装完成时，其中包含了结构承重、节能、环保等功能。装配式建筑构件集成设计，设计的墙板构件是由4层材料构成，最后一层是外装饰层、第三层是建筑保温层、第二层是结构层、第一层是内装饰层。

在使用构件组装成三维模型时，按照三维模型需要的构件选择与之相匹配的，避免构件的重复设计。装配式建筑的三维设计就是采用了BIM技术进行的，这种建构模式节省了很多的时间，可以通过一边设计将构件的设计图纸保存下来，一边构建成一个装配式建筑的构件库。

由于我国是发展中国家，不可否认的是我国的经济事业发展和起步都较晚，建设量规模庞大，时间紧且集中，工业化建筑也在持续性发展，虽然说装配式建筑在住宅的发展上有了些起色和进展，但产业链还不是特别完善，想要构成一定的规模需要一些时间，需要技术和政策的支持和促进。

二、装配式结构设计技术

（一）整体结构设计

1. 传统的建筑工程结构设计

为了保障施工的需要和完好地进行，需要绘制结构施工规划图，对图纸的设计要严格的审核，这是施工的前提。在传统形势下的建筑结构设计中，首先根据建筑设计的要求确定一个结构体系，结构体系中涉及的内容有很多，例如，砌体结构、框架结构、钢结构、木结构、框架核心结构等。结构体系一经确认后，根据结构体系对构件的截面进行估算，如墙面和楼板等。形成了构件的截面后就可以对构件加载应承担的外部荷载、对整个结构体系进行划分，为的是保证结构体系中的各构件在外部荷载作用下，保持内力的平衡。在内力平衡的条件下对构件进行承载力计算，确保构件符合承载力的要求，且安全系数也达到了一定的标准程度。

PKPM系列软件是由中国建筑科学研究院开发的，整体性结构设计是通过计算机辅助得以实现和完成，是将三维建模、内力分析、承载力计算、计算机成图等几个方面当作一个整体，其实这种模式早在1992年就已经广泛应用于国内。现在结构设计都要采用计算机软件来实现，手工计算或是人脑计算已经无法满足需求。当下，国内各大设计院通常都采用PKFM系列软件来进行建筑结构的设计。

2. 装配式建筑结构设计

当装配式建筑结构整体设计达到设计要求后，通常情况下都不是按照传统的方法进行最后的施工的，依照构件设计要求绘制构件施工图，最终确定的构件施工图被送往工厂，并且开始大批量的生产。装配式建筑的结构设计与传统的建筑结构设计在本质上存有相当大的区别。传统建筑结构设计的图纸是为施工单位准备的，装配式建筑的结构设计的图纸是针对工厂设计的。为了构件的设计达到生产的要求，装配式建筑的结构设计被定在了BIM平台上进行。设计流程和步骤也都是在BIM平台上进行的，利用已经建立并且完善的建筑三维模型，用BIM中结构设计模块对装配式建筑进行整体结构设计。在对结构进行设计时，要充分考虑到结构优化，还可以对构件的截面大小以及混凝土的强度做出调整。在结构体系的内力平衡以及构件的强度达到装配式建筑结构设计的要求时，建筑设计也会发生改变，但建筑设计不用再做出相应的调整，这就是BIM技术优势的体现。

（二）构件结构设计

最近这些年，混凝土预制构件在城市轨道交通方面应用较为广泛，在住宅和房屋建造上的使用及需求量也有所增加，行业的发展趋势以及前景都非常的可观，虽然混凝土的优点有很多，但仍然存有弊端，现下发展中主要存在以下三个问题：其一，产品技术水平低下、产品质量差；其二，总体产能过剩；其三，沙、石、粉煤灰等原料稀缺、供应不足。这和发达国家相差甚远，这种现象的产生与生产模式有非常大的关系，与经济秩序也有其必然的联系，虽然构件厂已具备相应的技术条件，但就是因为设计、施工单位联系不够紧密，管理模式还有待完善，致使经济效益还没有特别可观的收入，也限制了生产结构一体化的实现。但不可否认的是装配式建筑构件的优点，它不仅是建筑施工工业化的标志，同时也为降低成本、节能减排做出不少贡献。

大部分的构件厂还没有进一步深化设计的能力，科学技术的涉猎也只是微乎其微，新产品研发的速度缓慢，所以经常不能按时、按质地满足设计单位的定制需要。事实上，混凝土预制构件设计体系主要分为两种：一是设计单位从构件厂已生产的预制构件中挑选出满足条件的产品来使用；二是设计单位根据需求向构件厂定制混凝土构件。这两种常用的方法中都存有弊端，构件厂与设计单位不能够进行直接沟通，相互交流中存有障碍，联系不够密切。国内大部分设计师设计时并没有充分考虑预制构件的因素，所以设计出来的预制装配式建筑作品都不是特别的尽如人意，也没能充分地利用生产构件类型，从需求程度上来讲也限制了构件的生产。

应用BIM技术，不仅是全新的技术，也是一种全新的工作理念，还能够全面的解决装配式建筑的构件设计问题。BIM模型可以应用在很多方面，如分析物理性能、经济参数等，在不同种专业的设计中都做出了多方面的分析和研究，共享模型数据，就避免了重复指定参数。BIM模型可以用于结构体系的分析、工程量的分析。虽然说当下BIM的应用，在国内依然是以设计为主，BIM自身最大的价值在于可以应用于构件的设计、生产、运营的整个周期中，从而起到优化和整合的作用。装配式建筑构件结构设计主要包括以下几方面内容。

（1）构件配筋。将软件计算及人为分析干预计算后的配筋结果进行后浇混凝土连接。钢筋等量代换，作为装配式混凝土预制构件的配筋依据。

（2）节点连接。剪力墙与填充墙之间采用现浇构件进行连接剪力墙纵向钢筋采用“套筒灌浆连接”，一级接头。预制叠合板与墙采用后浇混凝土连接。

（3）建立构件模型。有单向叠合板、双向叠合板、三明治剪力墙外墙板、三明治外墙填充板、内墙板、叠合梁、楼梯、外墙转角、空调板9种类型的预制板。

（4）建立族库。根据预制构件所采用的钢筋型号、各类辅助件具体设计参数，建立各类钢筋和预埋件族库，方便建模时插入使用。例如钢筋连接套筒、三明治板连接件、吊顶、内螺旋、线盒等。

（5）构件设计。遵循国家标准GB 50009—2012《建筑结构荷载规范》、GB 50010—2010《混凝土结构设计规范》、JGJ 1—2014《装配式混凝土结构技术规程》的要求。参考15365、150366等标准图集的规定要求。

（6）构件设计根据建筑结构的模数要求，对结构进行逐段分割。其中外墙围护结构划分出由“T…一…L”节点连接的外墙板节段；内墙分隔结构划分出由“T”“一”节点连接的内墙板节段，其中走廊顶设置过梁、卫生间阳台采用降板现浇设计。装配式结构设计规划完成后，对原建筑外形重新进行修正，使建筑图符合结构分割需要。

装配式建筑的构件设计是在结构整体设计的基础上，基于这个标准，再对内力进行分析以及对强度进行计算，这样一来，各结构的构件就有了相互搭配而成的新结果，可以送到工厂进行生产。

住宅式的房屋建设，为了装配式建筑在组装时能够快速且方便，可以先将构件进行分类组合成为零散的部件，在工厂进行生产，床就可以拆散来做成零散的部件。

构件的节点设计有相当重要的作用，不仅要确保构件的精准定位，还要保证构件之间连接的强度。装配式的建筑构件生产完毕以后，在规定的场所进行组装。构件节点设计的主要作用就是为了保证建筑的精度和构件连接的强度。所以，构件的节点设计不仅要有定位孔，还要有构件相互连接的钢筋。

对构件进行设计时，还需要考虑到其他类型的工种，其中包括通信设备、电气装饰等。装配式建筑的结构设计在进行整体结构的内力分析和关于强度的整体性计算后，就可以进行构件设计。在完成集成化设计后，最后一个步骤就是工厂进行生产。

第三节　装配式建筑应用研究

装配式建筑发展与应用对现代化建筑业发展有关键性意义。关于装配式建筑的应用研究，工厂对配件与构件做出了预制，在施工现场使用重机械进行装配完成的建筑，这种类型的建筑模式，可以称为装配式建筑。工厂生产模式下的建构以及机械装配作业，充分地展现了建筑的现代化特征以及产业化的显著特点。这种建筑模式有很大的优点，加快了建设速度，有效地节省了时间，施工现场的环境也有了明显的改善，环境污染的程度有所缓解。

一、国内外装配式建筑应用分析

（一）国外的应用分析

中国是人口大国，但房屋的装配置建筑的发展有所局限。但国外就不同，从美洲移民时期开始就出现了木结构的拼装房屋，直到1945年9月，为了解决和处理日本以及欧洲等一些国家的房屋荒废现象，而使用的装配式建筑，由于建设速度相较于传统式建设速度要快很多，且生产成本也不高，在全球范围内被推广和使用。

英国、法国属于欧洲的发达国家，装配式建筑已经得到重点发展，在生产和建构中不断地累积经验并总结出更好的方法，长此以往，建构形成了一套适合装配式建筑使用的体系。欧洲本就是工业革命发展的源头，建筑工业在世界范畴内都遥遥领先，装配式建筑的运用时间早，相对应用也非常的广泛。要说佼佼者，还是法国大板建筑技术较为领先，非地震地区最高能够建设25层，地震区可以建设10～12层建筑物。

如今的美国，其混凝土构造建筑中的装配式建筑占比可以达到约35%。早在1991年美国就在PCI会议提出把预制装配式建筑发展当作是美国建筑业发展的历史机遇，这也正是预制装配式建筑在美国得到有效发展的根本原因。在30多年前的美国，其抗震性能就可以完全满足使用要求，其建筑形式是高强度硅砌块的13层建筑，在经历了地震后，依然屹立不倒，这家被称为是美国最高模块建筑物的希尔顿帕拉西奥德尔里奥酒店，建设于1968年，迄今为止已经52年之久，现在还可以使用，也证明了预制构造的强力耐久性。

虽然日本是岛屿国家，人口及土地资源都不是特别的富裕，但1945年9月第二次世界大战结束后，日本的经济不断地发展，其建筑的工业化处在全球领先水平。日本的装配式建筑发展在亚洲一直处于领军的位置。现如今不论是日本名古屋市、大阪、或是东京，那些比例比较高大的房屋建筑都属于装配式建筑。这也是受到了日本政府的大力支持，在财力方面也给予了帮助，才能够完善的实行。

（二）我国的应用研究

当下社会，我国存在了很多的优秀且有一定规模的建筑企业，如上海的万科等，他们所研制和开发的项目也都是采用了预制装配型建筑，并且取得了非常不错的成绩。我国装配式建筑的应用研究起步比较晚，1960年才逐步地有所涉猎，其中比较广泛的应用是预制屋面板、大板建筑以及预制屋面梁等。在中华人民共和国刚刚成立时，经济基础相对薄弱，致使我国的装配型建筑技术较为滞后，预制构件的整体性比较差，承载力不高，延展性跨度也比较小，在很多功能上都存有局限性。这种状况一直持续到1997年，全现浇混凝土建筑体系不断发展后逐步代替预制装配型混凝土建筑。到2005年左右，十余年的时间，国有制经济体系蓬勃发展，预制装配式施工技术以及管理水平也有了很大的提升，劳动力的成本也在持续增长，不仅如此，预制构件加工的质量也大大的提升，国家政府的资金支持，使预制装配式建筑的应用，再一次得到了飞跃的发展。

我国台湾地区和日本国家一样，常常会出现地震以及台风等自然灾害的发生，隔震、抗震技术的应用研究比较成熟，所以我国台湾和香港地区的建设也多为装配式建筑，厂房类的建筑通常采取装配式框架结构或是钢结构进行建设，其高层建筑多采取预制外墙的建构形式。预制建筑的专业化管理水平非常高，装配式建筑的质量高及建成周期短等优点显著。

二、装配式建筑在养老建筑设计中的应用与分析

（一）装配式养老建筑设计的相关规定

第一，我国所有的建筑在要求上都需要满足相关的标准以及规范，装配整体式养老建筑也不例外。养老建筑作为老人生活活动的重要场所，在建筑和设计上都要坚持以人为本的原则，并在最大程度上满足老人的生活和活动需要。

第二，在设计方面，装配整体式混凝土建筑必须遵守标准化设计原则。养老建筑的设计不但要满足老人和护理人员的生活需要，而且要在建筑上体现设计感，

无论是里面或是建筑细节都需要符合老人的心理追求，让老人拥有生活的舒适感。养老建筑的建设必然存在于一定的环境之中，该建筑在建设上需要与之映衬，使其与整个大环境融合，避免产生特殊性。除此之外，建筑性能评定也是装配整体式混凝土养老建筑需要参与的。在评定过程中，养老建筑以满足基本评定标准为前提。这样的做法从另一方面讲也是对养老建筑的功能和质量进行监督，同时也达到了促进其改善的效果。

第三，分割式的空间布局方式更适合养老建筑，这样的设计使养老建筑在有限的空间内开辟出更多区域，有利于实现养老建筑的多元化功能。另外，预约构建的处理对于设计者来说更方便设计，建筑产品也可以更好的符合标准。在建筑的立面上，设计者的设计应该更趋于简洁和实用。

第四，养老建筑的设计应该遵循模数化和标准化的原则。建筑整体的一体化设计，是实现建筑整体性的最好方式，同时，其对质量的提升也有一定的帮助。

第五，在设计选材方面，要坚持科学、合理的方式进行选择，另外，也要考虑当地的经济技术发展等多种因素。在基本条件满足的情况下，可以引用高科产品和材料。

第六，老年人在老年建筑中居住，必然会在原有的家庭中分开出来。老人离开家庭，会产生各种心理问题和生理问题的改变。为了帮助老人解决这一问题，设计者在设计建筑时要按照实际生活的经验来实施设计，从生活环境方面让老人得到一系列的照顾。为满足老人生活的标准需求，让老人更好地适应家庭成员的变化，SI工法制作体系的应用随之诞生。在现实社会中，大部分的养老建筑都应用这种制作体系，其中有许多与正常楼建筑不同的标准，如养老建筑的楼层高度为2.9米。

（二）装配式养老建筑的选址及总平面设计要点

建筑材料是建筑完成必不可少的内容，在养老建筑的修建上，对于其应用的建筑材料也有一些特殊的要求。为了方便建筑取材，制造材料的厂区与养老建筑的修筑地点不宜过远，应控制在200千米以内。除此之外，材料的运输方式和便利情况也要考虑在建设需求当中。

装配式养老建筑的修建需要设计师对其进行整体的布局。该布局内容不但要考虑修建地点、建筑材料运输和储备、安装顺序、如何在最短的时间内完成建筑的拼装建设工作，还要从整体建筑的便携性、安全程度、修建的经济因素等多方面进行策划。

由于这种养老建筑的类型是装配式，其不但拥有便于修建的性质，也有便携性。这种养老建筑在废弃后，依旧可以将其按照拼装方式拆分，拆分后完整的零件可以通过适当加工或是直接应用到新的同类建筑当中。作为一个可以二次利用的建筑，为确保未来或是在修建时拥有足够的储藏和放置零件空间，设计师在选址上应该注重空间条件，并将其作为设计修建该种类型养老建筑的基本选择条件。

随着科学技术的飞速发展，装配式老年建筑中需要的配件可以按照建筑的修建进行尺寸和形态的相应制作。现代我国的建筑行业蓬勃发展，相关专业的人才也不断浮现。到现在，我国的建筑设计师在此类建筑修建过程中占据着十分重要的作用，不但要负责整个建筑的设计工作，还要对该建筑修建时间、建筑周期进行有效的控制，甚至随着BIM技术的发展应用，其中应用的配件要求也可以由建筑设计师决定。这一些建筑设计师可执行的内容，在国家的相关文献中有明确的规定保障，从另一个角度来讲，这也展现了我国对建筑师提出的新要求和发展方向。

（三）装配式建筑的场地规划与平面布局

1. 场地规划设计

（1）场地的道路系统。

这种养老建筑的建设要将道路系统作为重要内容放在建筑计划之内。这样安排的主要从两方面考虑。

第一方面，从护理人员的角度看待这一问题。护理人员并非居住在养老建筑内，其与正常的工作者一样，需要乘坐交通工具回家或上班。若将养老建筑建设在没有交通线路的郊外，就会很大程度上限制护理人员的交通需求，也会让护理人员的招收工作带来难度。同时，为了避免护理人员过多地占用停车位等交通场所，需将护理人员的人数限制在老人人数的一半以内。在交通情况方面，对于护理人员来说没有太大的关系。因为护理人员的工作按照时间倒班，通常倒班次数一般在3～4次，所以道路交通系统拥堵等情况对护理人员的影响较小。

第二方面，从老人的角度讲。老人居住在养老建筑中，大多是因为子女没有足够的时间照料父母，虽然老人离开了家，但大部分的老人依旧有自己的子女亲人。每到逢年过节，许多的老人、亲人就会蜂拥而至，有的来陪老人过节，有的则是接老人回家。这样就直接对养老建筑拥有的停车位和与之相关的交通系统提出了更高的要求。据美国统计，养老建筑中居住的每位老人，其背后家庭需要的停车位平均在0.3～0.5，由此可见，停车位等交通场所的设置对养老建筑的重要性。在我国，若想对上述内容进行确切的设置和规划，需要依据该地区相关的法律法规进行判断。这种相关的交通运用也叫作后勤服务的交通运输。

（2）景观设计与视线条件。

养老不应该只局限于活动的保证，其居住环境的安全问题也是养老保证的重要内容。养老景区建筑是实现老人活动的前提要求，在设计景观时要确保从使用者角度来保证其需求建设。总体建筑上，从实际角度出发，不但要满足停车位的需求，还要保证监护人员对老人的实时看护。

养老建筑需要照顾老人的需求，也需要照顾护理人员的需求。护理人员在养老建筑中照顾老人，为避免因景观建设带来不便，在设计养老建筑的景观时要避免出现密集的灌木。在景观植物的选取上，应选取高树干的树木和低于视线高度的草本植物或木本植物。高大挺拔的景观树木可以种植在路边或庭院，不但增加了建筑整体的观赏性，也为老年人提供了休息娱乐的场所，符合其标准的树木有乔木等。矮小、不超过视线的植物为建筑所处环境增添自然感和观赏性，也保证了护理人员对老年人的实时看护。

在养老建筑中设计的景观植被，可以安置一些拥有季节性变化的植物。植物花开花落，叶落又青，让老人明显感受到四季的变化，体验自然之美。除此之外，植物选择上最好选一些比较容易栽种生存的、不易招虫的，这样不但保证了老人生活环境的健康安全和卫生，也让护理老人的工作人员更容易打理花草，还可避免景观植被造成的经济损失。

2. 支持高效员工配置的建筑布局

在护理人员分配方面，可以从大体上分为两种：一种是健康老人们的护理人员；另一种是非健康老人们的护理人员。首先，介绍健康老人护理人员的人员分配和工作内容。健康老人的居住地一般在养老建筑中，由于老人们都拥有自理能力，所以大部分生活方面的事老人们自己就可以解决，需要护理人员的地方较少。因此，健康老人们的护理人员基本保持在每层楼一或两位即可。这类护理人员可以根据老人需要给予老人相应的护理服务，他们没有确定的工作流程和具体的工作内容，对于护理人员的其他工作影响不大；其次，就是非健康老人的护理工作。这类护理人员的工作量相比健康老人的护理人员工作量要大许多，其原因主要是因为需要护理的老人大部分生活都无法自理，基本上所有的日常生活都需要护理人员帮助完成，在要求的护理人员人数上相比上述类型也要多上许多。其工作拥有明确的工作流程，需要极高的工作效率作为护理工作的基本保证。

在我国的养老建筑过程中，大多数的建筑师基本上都把重点放在了建筑和老人的日常应用上，完全忽视了其中暗藏的与人力资源有关的问题。相比我国，美国等一些发达国家就发现了养老工程中暗藏的人力资源。美国拥有注册护士的护理人员每年得到的薪水都是十分可观的。两者相比，我国的护理人员就没有一个确切的制度和薪资要求，导致护理人员的水平和薪水参差不齐。我国老龄化逐渐增重，整体人民的收入水平也在不断的减少，在这样的大形势下，相信在不久的未来，建筑师们也会更加重视这一问题并将考虑在养老建筑项目中。

除此以外，建筑师们在设计养老建筑时，也要将护理人员护理老人的需求考虑进去，在空间设计上给予其一定的保证，确保老人需要的护理流程可以得到方便、顺利的实现。在复杂流程的护理工作中，若想保证老人护理工作的正常进行，需要尽可能地减少护理人员的人数。为了保证人数少、服务到位的护理要求，可以在安排护理人员工作时间上做文章。每位护理人员的精神不可能在一整天或一整个星期都保证高度集中，因此，可以安排多个护理人员在不同的时间段对老人进行护理，既保证了护理质量，也提高了护理的效果。

第三章　BIM技术的内容与价值研究

BIM技术作为工程学、建筑学以及土木工程学中的一种新的应用方式，其逐渐成为我国相关行业追捧的内容。除此之外，我国与之相关的政府机构、专业高校等都对其给予了高度的重视，本章针对该内容展开相关介绍，其中包含BIM的定义、国内外发展情况、特点、政策标准、各阶段作用与价值，然后介绍了传统技术下装配式建筑发展的制约因素，以及BIM技术在装配式建筑应用的必要性。使读者对BIM技术在装配式建筑中的应用价值有更全面的了解。

第一节　BIM技术的基本内容

一、BIM的由来

BIM是由国外的相关专家研究出来的一种应用与建筑领域的新方式。其全称是“建筑信息模型（Building Information Modeling）”，在建筑领域上拥有十分重要的地位。作为一种先进的信息算法，其中的信息包罗万象，不同专业的相关信息、功能等多种内容的融合，将一个建筑工程中涉及的所有信息融合为一个整体，如设计、施工等。该内容的提出者是美国的建筑与计算机博士查克·伊斯曼（Chuck Eastman）。上述内容也是这位博士提出的BIM概念的大致内容。

二、BIM技术概念

BIM技术之所以被我国相关领域的学者专家认同，是因为其可以利用高科技技术将建筑工程的建设纰漏降低到最少，同时大大提升该建筑的质量和整体建筑的工作效率。其具体的内容是运用电脑技术将设计、施工等一直到竣工以多维模型地方式呈现在电脑上，对于设计中出现的纰漏或计划工程中出现的错误可以非常明显地在模型中看到，所有工程的参与方可以按照该技术展现的工程问题进行适当的调整，使整个建筑的修建可以以最好的状态进行实施，从而达到预期建筑效果。这种技术直接代替了原来的图纸、符号等形式的项目建设和运用工作方式，使整个工作流程更生动、具体地展现在人们面前。

以下，我们就建筑信息模型技术的含义进行客观的总结。从内容上看，我们可以将其划分为三个部分：

一是该技术以信息化为主要的计算和呈现方式，通过三维数字技术将整个建筑工程以生动的模型方式呈现出来，与其相关的各项目信息也会呈现在该工程数据模型上，以数字化的方式将该工程的设施和相应功能进行展示。

二是BIM技术可以将整个建筑的生命周期完整展现出来，该建筑不同时期的相关数据也都会展现出来。其构建的是一个完整的信息模型，具备自动计算、自动查询等多种功能，无论工程中涉及的哪一参与方，都可以通过模型对项目进行不同时期相关内容的了解。

三是这种先进的技术不单单拥有数字模型和信息表达计算的功能，作为具有单一工程数据源的存在，其可实现建筑在生命周期的信息共享。包括对该工程建筑的信息创建、管理等，它完全可以称之为该项工程的信息共享平台。

三、BIM的优势

在我国建筑的发展历史上，共发生过两个拥有重大转折意义的革命。其一，就是CAD，其全称是计算机辅助设计，依靠电脑信息技术，运用计算机手工图绘等方式实现工程的设计和建设。CAD技术的应用，也代表着我国建筑工程在工程设计领域的第一次信息革命。

虽然这一技术为我国的工程建设做出了极大的推动作用，但实际上，其大多数都是针对工程设计方面进行的，对于工程项目中涉及的其他方面的内容没有确切的联系，每个项目并没有关联，呈现明显的断点现象，从工程的整体角度来看，完全失去了综合性。随着时代的不断前行，科学技术的飞速发展，BIM作为一种技术方式应运而生。

这种技术相比CAD来说，极大地弥补了建筑工程中各项目之间的连接，使整个工程的综合性质展现得淋漓尽致。除此之外，其也可以展示工程的生命周期、蕴含工程管理行为等的重要内容，实现了集成管理。这也使其引发了A/E/C（Architecture/Engineering/Construction）领域的第二次革命。

四、BIM常用术语

（一）BIM

BIM是指在建设工程及设施全生命期内，对其物理和功能特性进行数字化表达，并依此设计、施工、运营的过程和结果的总称。前期定义为“Building Informa Medel”，之后将BIM中的“Model”替换为“Modeling”，即“Building Information Modeling”前者指的是静态的“模型”，后者指的是动态的“过程”，可以直译为“建筑信息建模”“建筑信息模型方法”“建筑信息模型过程”，目前国内业界仍然称为“建筑信息模型”。

（二）PAS 1192

PAS 1192即使用建筑信息模型设置信息管理运营阶段的规范。该纲要规定了图形信息（level of model）、非图形内容（model information）、模型的意义（model definition）和模型信息交换（model information exchanges），PAS 1192—2提出BIM实施计划（BEP）是为了管理项目的交付过程，有效地将BIM引入项目交付流程，对项目团队在项目早期发展BIM实施计划很重要。它概述了全局视角和实施细节，帮助项目团队贯穿项目实践。

（三）CIC BIM protocol

CIC BIM protocol即 CIC BIM协议，CIC BIM协议是建设单位和承包商之间的一个补充性的具有法律效应的协议，已被并入专业服务条约和建设合同之中，是对标准项目的补充，它规定了雇主和承包商的额外权利和义务，从而促进相互之间的合作，同时有对知识产权的保护和对项目参与各方的责任划分。

（四）Clash rendition

Clash rendition即碰撞再现。专门用于空间协调的过程，实现不同学科建立的BIM模型之间的碰撞规避或者碰撞检查。

（五）CDE

CDE即公共数据环境。这是一个中心信息库，所有项目相关者可以访问。同时对所有CDE中的数据访问都是随时的，所有权仍旧由创始者持有。

（六）COBIE

COBIE即施工运营建筑信息交换（Construction Operations Building Information Exchange）。COBIE是一种以电子表单呈现的用于交付的数据形式，为了调频交接包含了建筑模型中的一部分信息（除了图形数据）。

（七）Data Exchange specification

Data Exchange Specifieation即数据交换规范。不同BIM应用软件之间数据文件交换的一种电子文件格式的规范，从而提高相互间的可操作性。

（八）Federated modle

Federated mode即联邦模式。本质上这是一个合并了的建筑信息模型，将不同的模型合并成一个模型，是多方合作的结果。

（九）GSL

GSL即Government Soft Landings。这是一个由英国政府开始的交付仪式，它的目的是为了减少成本（资产和运行成本），提高资产交付和运作的效果，同时受助于建筑信息模型。

（十）IFC

IFC即Industry Foundation Class。IFC是一个包含各种建设项目设计、施工、运营各个阶段所需要的全部信息的一种基于对象的、公开的标准文件交换格式。

（十一）Information Manager

Information Manager即为雇主提供一个“信息管理者”的角色，本质上就是一个BIM程序下资产交付的项目管理者。

第二节　BIM技术的发展历史及现状

一、BIM技术的发展沿革

美国佐治亚理工大学查克·伊士曼教授（Chuck Eastman，Ph.D.）早在20世纪70年代中期就提出了BIM的概念，在之后的十年间，英国也在此领域做出了相关的研究与研发，在那个时期，欧洲习惯将它称为产品信息模型。BIM作为对包括工程建设行业在内的多个行业的工作流程，其雏形阶段正是20世纪70年代。

2000年以前的BIM研究受到科技发展和计算机硬件等多方面的限制，只能当成是学术研究的对象，在工程实施中并不能发挥实际的作用。英国著名的建筑学家罗伯特·艾什（Robert Aish），在1986年发表的一篇论文中提到过这样一个概念“Building In formation Modeling”。他在论文中讲述了BIM的论点以及使用的方法和技巧，并得出了结论。

到2000年后，世界进入一个新纪元，多媒体技术和计算机等高科技器材的快速发展，对建筑的生命周期也进行了研究和理解后，才使得BIM技术得到飞快的发展。两年左右的时间，BIM被更多人知道和了解，随后BIM技术变革风潮便在全球范围内席卷开来。

二、BIM在国外的发展状况

（一）BIM在美国的发展现状

美国一直都走在世界的前沿，美国是最先对装配式建筑有所研究的国家，直到今天，美国BIM技术的研究和使用也依然处于佼佼者的位置。当下，美国大部分的建筑都已经开始大范围的使用BIM技术。BIM适用范围广泛，社会发展下成立了不同形式的BIM协会，也有着不同的标准。在美国主要有3个BIM机构。

1. GSA

21世纪初期，美国总务部（General Service Administration，GSA）下属的公共建筑服务部门的首席设计师，推出了一个全新的计划：3D-4D-BIM计划，主要是为了提高建筑的生产效率、同时也为了提升信息化水平。直到2007年，GSA规定所有招标级别的大项目都必须使用BIM技术，只要是建筑工程范畴内的，哪怕是空间规划验证和最终概念展示，都一定要提交BIM的技术模型。所有的GSA项目都要求和鼓励使用3D BIM、4D BIM技术，具体情况具体分析对待，例如，技术项目的承办商不同，程序步骤就会有所差异，政府的资金支持也有所变化。当下，GSA正在探讨在项目生命周期中应用BIM技术，其中涵盖了很多方面，空间的规划及验证、安全性能、可持续发展状况、能量消耗等。并做出了BIM使用的注意事项和相关指南，可以通过其官方网站下载查阅，对BIM在项目中的应用起到了指导性作用。

2. USACE

2006年10月，美国陆军工程兵团（the U.Army Corpsof Engineers，USACE）发布了为期15年的BIM发展路线规划，为USACE采用和实施BIM技术制定战略规划以提升规划、设计和施工质量及效率，在规划中，USACE承诺未来所有军事建筑项目都将使用BIM技术。

（二）BIM在英国的发展现状

与大多数国家不同，英国政府要求强制使用BIM。2011年5月，英国内阁办公室布了政府建设战略（Government Construction Strategy）文件，明确要求：到2016年，政府要求全面协同的3D BIM，并将全部的文件以信息化管理。

政府要求强制使用BIM的文件得到了英国建筑业BIM标准委员会［AEC（UK）BIM Standard Committee］的支持。迄今为止，英国建筑业BIM标准委员会已发布了英国建筑业BIM标准［AEC（UK）BIM Standard］、适用于Revit的英国建筑业BIM标准［AEC（UK）BIM Standard for Revit］、适用于Bentley的英国建筑业BIM标准［AEC（UK）BIM Standard for Bentley Product］，并且还在制定适用于ArchiACD、Vectorworks的BIM标准，这些标准的制定为英国的AEC企业从CAD过渡到BIM提供切实可行的方案和程序。

（三）BIM在北欧国家的发展现状

北欧是信息技术软件厂商的聚集地，这些信息技术以信息技术软件厂商为主。出于这个原因，北欧的一些国家很早就引进了BIM的信息技术。这些国家包括丹麦、瑞典等。北欧之所以建筑信息技术发达，主要受其所处的地理位置影响。北欧地区常年处于冰天雪地的状态，这对北欧的工程建筑来说十分不利，为了保证工程项目的正常进行，最大程度节约工程资源的应用，减少工程损失，信息技术成为建筑工程项目最为重要的内容。而BIM在很大程度上满足了这一需求，不但可以达到建筑工程的提前预期，还可以生动地展现工程的生命周期过程，可以说为北欧国家的工程建筑带来了极大的便利。

虽然BIM很早就引入了北欧地区的多个国家之中，但其并没有成为政府统一要求的工程应用信息技术。这种技术引用最早是相关企业的个人行为。如2007年，Properties（Senate Properties）发布了一份建筑设计的BIM要求（Senate Properties’BIM Requirements for Architectural Design，2007），自2007年10月1日起，有的项目仅强制要求建筑设计部分使用BIM。直至2007年以后，部分工程才被强制要求运用该技术，其他工程可以按照自己的建筑情况适当的对工程进行技术的引用。虽然要求中并没有全部强制，但在不久以后，相关政府明确提出所有的工程项目都需要引用该信息技术，其必须成为工程建设中的一部分内容，并且该内容受相关法律的制约，如若并不遵循上述方式进行工程建设，就等同违法，该工程会被国家强制停止建设并且所有参与该项目的人员都会受到法律的制裁。由此可见，北欧政府对BIM的重视。建模基本上有以下四个阶段：空间群（Spatial Group BIM）、空间二极管（Spatial BIM）、初步建筑构件（Preliminary Building Element BIM ）和建筑构件（Building Element BIM）。正常的工程建设在申请开工时要上交相应的BIM所建设出的数据信息模型，并对相关内容进行准确的定义，在此之后，合格的上交信息会被存档。

（四）BIM在日本的发展现状

日本与北欧国家相比，引进和应用BIM技术的时间更晚。日本因地理环境原因，在建筑方面一直拥有属于自己独特的方式。因此，在面对BIM的信息技术时，他们没有选择立刻运用到实际当中，而是选择了部分工程建设对BIM技术进行了适用，以此探究该技术是否可行，以及其在信息方面拥有的价值，该计划提出的时间是2010年。但是在此之前，在2009年前后，日本的大部分企业就已经引用了BIM技术，随后日本政府才开始有所行动。

随后几年里，日本运用BIM逐渐广泛，不但受到诸多业界专家学者追捧，也成为各个工程建设中不可缺少的重要内容。人们对该技术的认知度逐渐增加，也慢慢发掘该技术为其带来的巨大收益和效果。自2007年开始，日本人民对BIM的认知程度已经从30%提升到2010年的76%，在随后的岁月中，越来越多的企业开始运用该技术，因为其不但可以增加工程建设的速度，还可提高其工作效益，很大程度的节约了时间，同时保证了工程建设的质量。

三、BIM在国内的发展状况

（一）BIM在中国香港

我国开始运用BIM始于香港。香港作为我国发达城市之一，拥有极高的生产水平和便利的交通，除此之外，其文化和科技等领域也比较先进。在2009年我国香港就已经成立了香港BIM学会。随着时间的推移，相关的部门开始推行将该技术从概念转向实践，并开始了全面推广BIM的初级阶段，香港的房屋建设管理机构开始了对该技术的使用工作。在成功推BIM技术后，相关机构还制作了与其内容相关的工作指南等文件，为BIM未来的打造了良好的环境。直至2016年，该技术应全面覆盖香港所有的工程建设工作。

（二）BIM在中国台湾

中国台湾同中国香港一样，在技术和科技方面的发展都极为迅速。实际上在2007年台湾大学就已经和Autodesk签订了铲雪合作的协议。该协议的主要内容就是研究BIM技术和相关的动态工程设计等内容。随着研究工作不断进行，台湾大学在该方面的研究也取得了一定的成绩。他们成立BIM技术的研究中心，更好地实现了对BIM技术相关内容的沟通交流，促进了相关人才的培养，也完成了对该技术的进一步分析和研究。在这之后，研究中心完全了解该项技术的优秀之处，为了将该技术推广向整个台湾，他们与淡江大学工程法律研究发展中心合作共同出版了《工程项目应用建筑信息模型之契约模板》。这本书总结了该项技术内容的优秀之处，向大众展示BIM的特点。自此，许多相关的专家学者开始了对该内容的研究工作。随着BIM技术的大众认知不断提升，台湾也逐渐实行了BIM技术的全面应用。

中国台湾的管理层级对BIM的推动有两个方向。首先，对于建筑产业界，希望其自行引进BIM应用，对于新建的公共建筑和公有建筑，其拥有者为官方单位，工程发包监督都受官方管辖，要求在设计阶段与施工阶段都采用BIM。其次，一些城市也在积极学习国外的BIM模式，为BIM发展打下基础；另外，也举办了一些关于BIM的座谈会和研讨会，共同推动了BIM的发展。

（三）BIM在中国大陆

近来BIM在国内建筑业形成一股热潮，除了前期软件厂商的大声呼吁外，政府相关单位、各行业协会与专家、设计单位、施工企业、科研院校等也开始重视并推广BIM2010年和BIM2011年，中国房地产业协会商业地产专业委员会、中国建筑业协会工程建设质量管理分会，中国建筑学会工程管理研究分会、中国土木工程学会计算机应用分会组织并发布了《中国商业地产BIM应用研究报告2010》和《中国工程建设BIM应用研究报告2011》，一定程度上反映了BIM在我国工程建设行业的发展现状。根据这两次的报告，关于BIM的知晓程度从2010年的60%提升至2011年的87%。2011年，共有39%的单位表示已经使用了BIM相关软件，而其中以设计单位居多。

2011年5月，住房城乡建设部发布的《2011—2015建筑业信息化发展纲要》中明确指出：在施工阶段开展BIM技术的研究与应用，推进BIM技术从设计阶段向施工阶段的应用延伸，降低信息在传递过程中的衰减；研究基于BIM技术的4D项目管理信息系统在大型复杂工程施工过程中的应用，实现对建筑工程有效的可视化管理等，加快建筑信息化建设及促进建筑业技术进步、管理水平提升的指导思想，达到普及BIM技术概念和应用的目标，使BIM技术初步应用到工程项目中去，并通过住房城乡建设部和各行业协会的引导作用来保障BIM技术的推广。这些拉开了BIM在中国大陆应用的序幕。

2014年，《关于推进建筑业发展和改革的若干意见》再次强调了BIM技术工程设计、施工和运行维护等全过程应用重要性。各地方政府关于BIM的讨论与关注更加活跃，上海、北京、广东、山东、陕西等各地区相继出台了各类具体的政策推动和指导BIM应用与发展。

2015年6月，住房城乡建设部《关于推进建筑信息模型应用的指导意见》中明确发展目标：到2020年末，建筑行业甲级勘察、设计单位以及特级、一级房屋建筑工程施工企业应掌握并实现BIM与企业管理系统和其他信息技术的一体化集成应用。并首次引入全寿命期集成应用BIM的项目比例，要求以国有资金投资为主的大中型建筑、申报绿色建筑的公共建筑和绿色生态示范小区的比率达到90%，该项目标在后期成为地方政策的参照目标；保障措施方面添加了市场化应用BIM费用标准，搭建公共建筑构件资源数据中心、服务平台以及BIM应用水平考核评价机制，使得BIM技术的应用更加范化，做到有据可依，而不再是空泛的技术推广。

2016年，住房城乡建设部发布了“十三五”纲要《2016—2020年建筑业信息化发展纲要》，相比于“十二五”纲要，引入了“互联网”概念，以BIM技术与建筑业发展深度融合，塑造建筑业新业态为指导思想，实现企业信息化、行业监管与服务信息化、专项信息技术应用及信息化标准体系的建立，达到基于“互联网+”的建筑业信息化水平升级。总的来说，国家政策是一个逐步深化、细化的过程，从普及概念到工程项目全过程的深度应用，再到相关标准体系的建立完善，由点到面，逐渐完成BIM技术应用的推广工作，要求应用比例以及和其他信息技术的一体化集成应用，同时开始上升到管理层面，开发集成、协同工作系统及云平台，提出BIM的深层次应用价值，如与绿色建筑、装配式及物联网的结合，“BIM+”时代到来，使BIM技术得以深入建筑业的各个方面。

第三节 BIM技术的作用与价值

当前，伴随我国经济发展而来的环境问题日益突出。传统建筑业因其资源浪费率高、污染重而饱受诟病，与此同时，装配式建筑由于其施工污染少、施工速度快、资源利用率高等优点越来越受到全社会的关注。装配式建筑具有设计系统化、构件生产工厂化、安装专业化等特点，这些特点使装配式建筑与传统现浇式建筑在设计、预制构件生产以及施工过程中都有显著的差别。近年来，我国建筑行业正在逐步推广BIM相关技术和方法，对于装配式建筑而言，BIM相关的技术平台和工具可以有效地提高装配式建筑设计、生产及施工的效率，促进装配式建筑这一新型建筑形式更好更快地推广。

就目前而言，国内已有学者开始研究探讨是否能在生产装配式建筑时搭载BIM技术，如周文波等人进行这种尝试的时间比较早，还为此举例说明，在一栋试验楼上使用了这种技术，只为思索两者是否存在一致性，深入交流了BIM模型应当怎样应用在预制建筑中。本节内容以近几年BIM技术的进步和生产的装配式建筑规模为现实依据，归纳了之前获取的数据与结果之后，以装配式建筑中的“设计—生产—施工—运维”等环节为突破口，确定BIM技术在装配式建筑的应用上是否能在所要求的时间范围内成功完成，并将该技术在应用时所能产生的价值估算出来，希望装配式建筑因BIM技术的存在能走向更美好的明天。

一、BIM技术在装配式建筑设计阶段中的应用价值

（一）提高装配式建筑设计效率

在设计装配式建筑时，预埋和预留预制构件是一个需要注意的问题，所以要

所有专业的设计人员相互配合。这些专业设计人员能通过BIM技术专用的设计平台，快速地将各自专业的设计信息发出去，共同改良设计方案。拥有BIM技术与“云端”技术之后，这些设计人员为解决自己专业设计上所存在的纰漏与错误，在BIM设计平台上展示各自专业的设计信息的BIM模型，再利用碰撞和自动纠错功能，将各个专业中设计冲突挑出来；装配式建筑中存在着很多预先制造构件的类型和样式，会设计大量的图，利用BIM技术中含有的“协同”设计功能，使专业设计人员修改的设计参数在展示出来的同时，还能帮助其他专业设计人员在应用时不出现错误，使得配套专业设计人员在整理设计方案时更加容易便捷，各专业设计人员可以省时省力地改良设计方案。

不仅如此，装配式建筑专业设计人员、构件拆分设计人员，还有与之有联系的技术和管理人员都拥有着不一样的管理和修改权限，全体技术和管理专业人士在设计建筑工程时拥有更高的参与度，他们能从自己的专业角度发表自己的看法与观点，在最开始将预制构件生产和装配式建筑的设计尽力做到完美，从根本上减少业主对装配式建筑设计单位的异议，达到高效设计，不再因设计的不达标使得项目成本超过预算或者出现其他无意义的浪费行为。

（二）实现装配式预制构件的标准化设计

BIM技术的出现使得设计信息不再闭塞与独占。“云端”服务器是项目设计方案的网络载体，设计人员能通过“云端”服务器将装配式建筑的设计方案传送过去，并在服务器上筛选、整理、组合尺寸、样式等信息，再划分出一个“族”库，用来罗列、搜寻装配式建筑中门、窗等各种预定制造的构件。云端服务器在时间流逝中会慢慢地形成一个庞大的“族”库，设计人员便能在同类型“族”比较中进行完善，慢慢改良至适用于装配式建筑预制构件的形状、尺寸和模数。想要构建装配式建筑通用设计的规范与标准，应当从形成的“族”库下手。以各种严格规定好的“族”库数据为参考，设计人员能慢慢增长并完善装配式建筑的设计户型，减少规划与调节户型的时间损耗，使装配式建筑户型更加多样化，实现并完成居住者越来越多的要求与想法。

（三）降低装配式建筑的设计误差

设计人员可将BIM技术视为突破口，更加精密细致地设计装配式建筑结构和预制构件，将这种建筑在施工过程中有可能产生的装配偏差问题解决或避免。预制构件的几何尺寸及内部钢筋直径、间距、钢筋保护层厚度等重要参数都可以通过BIM技术开展精准设计、定位。设计人员要想直接接触并感受到待拼装预制构件之间是否吻合，可仔细观察BIM模型的三维视图，并进行碰撞检测，严谨地分析预制构件结构中的任意两个节点的连接之间是否存在问题，使得预制构件能按规定的技术要求组装成合格的构件，解决了设计简陋所造成的无法组合好的预制构件的问题，尽量避免出现因设计误差导致耽误工期的现象，合理使用材料资源。

二、BIM技术在预制构件生产阶段的应用价值

（一）优化整合预制构件生产流程

必须重视起装配式建筑的预制构件的生产阶段，因为它在装配式建筑从开始投产至产出的全部时间中占着十分重要的地位，更有助于装配式建筑设计与施工的无缝连接。生产预制构件的厂家可以在BIM模型中得到自己所需的尺寸信息，并应用到生产中，当然这些信息都是有保障的。之后建立一个行之有效的构件生产计划，不但能进行预制构件生产，还可以向施工单位实时传送构件生产的进度信息。

生产厂家为了保证预制构件的质量和建立装配式建筑质量可追溯机制，在预制构件生产阶段中在预制构件放入含有许多信息的RFID芯片，运用RFID技术开展针对预制构件的物流管理，高效开展仓储和运输。

（二）加快装配式建筑模型试制过程

要想提高施工的进程和质量，可以制定装配式建筑设计方案，设计人员将BIM模型中可以选择将配件信息分享给预制构件生产厂商，生产厂商便从中得知产品的尺寸、材料、预制构件内钢筋的等级等信息，条形码在这时就成了设计数据及参数转换成加工参数的工具，直接对接装配式建筑BIM模型中的预制构件设计信息和装配式建筑预制构件生产系统，让装配式建筑预制构件生产逐渐步入高自动化程度和高生产效率的时代。3D打印技术还能打印装配式建筑BIM模型，从而减少装配式建筑的试制过程的时间消耗，设计方案是否可行也能在打印出的装配式建筑模型中看出来。

三、BIM技术在装配式建筑施工阶段的应用价值

（一）改善预制构件库存和现场管理

在进行装配式建筑预制构件的生产时，在预制构件的各类环节中消耗的人力和物力资源再多，也会出现纰漏与问题。而将BIM技术和RFID技术两者一起应用进预制构件中，并将包含安装部位及用途信息等构件信息的RFID芯片植入进去，预制构件的相关信息就这样展现在了存储验收人员及物流配送人员眼前，取代以往的人工验收和物流模式，精确统计验收数量、精准放置构件、正确记录出库数据，这样时间和成本就被大大地降低了。进入施工环节，施工人员也可以依靠RFID技术获取有关预制构件的信息，检查并验证关于预制构件的很多必要项目，在合理的固定预制构件时可以更好地质量管理，并加强安装效率。

（二）提高施工现场管理效率

装配式建筑的开展并非易事，需要很多手段进行吊装，在施工过程中最常见的是机械，施工时还要满足做好相应的安全保障。还未进行施工时，施工单位就可以通过BIM技术对现场预制构件吊装和施工过程的模仿和还原，发现问题，解决问题，逐步完善施工流程；通过BIM技术还能展现出施工现场可能会发生的事故，逐步完善施工现场与安全相关的方案，从根源上解决危险事件，杜绝这一类现象的出现。合理地规划施工现场的场地和行车路线同样可以借助BIM技术进行模拟，将场地内的预制构件、材料一次性搬运完毕，将垂直运输机械的吊装效率提升，使装配式建筑的施工更加有速度。

（三）5D施工模拟优化施工、成本计划

在BIM技术的使用中，可以将时间和资源维度也植入装配式建筑的BIM模型，使“3D BIM”模型升级为“5D BIM”模型，施工单位就能利用转换来的“5D BIM”模型展现出可能会出现的在装配式建筑的施工过程和使用资源的状况，设立“动态施工规划”，更加直接地观察到装配式建筑的施工技巧与手段、重现施工进度和资金、资源在各个期间的使用情况；还能找到并改正最初的施工规划中出现的不足，从而减少施工成本，并维持正常进度或加快进度。“5D BIM”的模型的出现帮助施工单位的管理人员和技术人员对项目的施工流程、具体会使用多少成本资源做到心中有数，管理人员便在这个期间完善升级施工方案和顺序、减少资源

浪费、优化现金流，将最后定下的施工进度计划及成本的动态管理妥善完成。

四、BIM技术在装配式建筑运维阶段的应用价值

（一）提高运维阶段的设备维护管理水平

以BIM和RFID技术搭建的信息管理平台为载体，设立一个系统，主要用于运营维护装配式建筑预制构件与设备。BIM技术在资料和应急管理功能上就是很具代表性的案例，一旦出现十分突然并具有一定破坏性的火灾，消防人员就能借助BIM信息管理系统中的建筑和设备信息确切地了解到火灾发生的具体位置，并知道着火的部分具体是什么材质，在一定程度上减小了灭火工作的难度。不但如此，运维管理人员还能在BIM模型中获取预制构件、附属设备的型号、参数等重要信息，更加高效地进行装配式建筑和附属设备的维修工作。

（二）加强运维阶段的质量和能耗管理

BIM技术可对装配式建筑实施信息化工程全寿命周期管理，运维管理人员能在预制构件中的RFID芯片中调出有关预制构件的信息，如生产厂商、安装和运输人员等信息。预制构件若是在质量出现了问题，就可以从源头上处理问题，确定这个问题的出现究竟是哪一方造成的。BIM技术还能实施绿色运维管理，其软件利用放置在预制构件中的RFID芯片，实时监管测量和分析建筑物在应用时的能源损耗情况，运维管理人员便以BIM软件得出的数据结果为基础，在BIM模型中找到并处理高耗能的部分。不仅如此，在拆掉预制建筑的过程中能通过BIM模型将能进行二次开发利用的资源挑选出来，并进行回收，减少资源浪费的现象。

上述内容告诉我们，BIM技术的大范围应用对装配式建筑大有益处，装配式建筑的设计、生产和施工质量因其大幅度加强，无论是设计还是运维，它们之间的生产链条紧凑、科学，更是在我国建筑业中掀起减少能源浪费、有害物资排放和污染环境之风，有力地促进建筑行业发展进入转型期。但是，想要将BIM技术更好地应用进装配式建筑中还是有一定难度的，实践是必不可少的一个环节，两者要在实践中不断地磨合直至完善。

第四节 BIM技术在装配式建筑应用必要性

装配式建筑主要用预制构件在工地装配完成，我国建筑结构主要发展的就是装配式建筑，我国建筑工业化的发展依靠它进步，高效生产，减少能源损耗，促进绿色环保建筑进步，使建筑工程水平与原有的水平持平，或是比原先水平更高都不在话下。装配式RC结构比现浇施工工法更加绿色环保，如果想要减少土地、能源、材料、水源的浪费与环境的污染、破坏，就要选择装配式施工。噪声、扬尘、污染、运输垃圾都是对环境的不利作用，这些方面一定要注意并解决，场地干扰的现象也尽量不要出现，减少各类资源和能源的浪费，坚定可持续发展的原则不动摇。不仅如此，装配式结构还能按部就班地完成工程的多个或所有工序，进场的工程机械种类和数量都可以大幅度减少，使工序达到无缝衔接，立体交叉作业的目标得以达成，不必使用过多施工人员，工效提升、物料节省、保护环境，从而形成绿色施工的局面。不但如此，每年都会占城市垃圾总量的三分之一以上的建筑垃圾也会因此减少，如不用的钢筋、铁丝、水泥等。

国务院办公厅在2013年1月1日转发了《绿色建筑行动方案》，要求把“推动建筑工业化”作为十大重要任务之一，说明国家已经意识到并开始推行建筑产业化发展，这是国家第一次利用政策推行建筑产业化。政府又在不断促进建筑产业化，而建筑产业化发展的瓶颈是建筑信息化水平低，所以一个新的问题产生了，应当如何使用BIM技术改善建筑产业信息化水平低的现象？如何使建筑产业化发展得更好？

BIM技术可以高效地进行装配式建筑的生产，并加强工程质量，联系起生产过程中的上下游企业，用信息化推动产业化发展。BIM技术三维模型的参数化设计可以高效生成修改图纸，解决了以往拆分设计中的图纸多、修改难的问题；钢筋的参数化设计让钢筋设计更加准确，施工的可能性被加强。它还可模拟时间进度，模拟施工过程，使得现场施工管理的质量提升，施工工期减少，尽量不修改图纸，完善施工现场，减少投资浪费。所以，预制装配式建筑的生产借助BIM技术更加完善，精细化装配式工程，帮助现代建筑向产业化这一方向发展，加快建筑业发展转型脚步。

是否要将BIM应用进装配式建筑中，笔者认为：

（1）高效设计装配式建筑，在设计过程中要严格地进行预埋构件和预留孔洞，所以各专业人员一定要频繁交流。BIM平台就满足了这一需求，让各个专业人员及时沟通，这些设计人员的诉求都可以让彼此知道，模型设计中的不足与问题都能借助碰撞功能进行纠错，不用再多次变更设计。

（2）装配式预制构件的设计更加标准。应用建筑模数可大幅度地推动装配式建筑的标准化。各个建筑构件的构件尺寸、样式都能在云端上传送，然后集合整理，构建一个预制构件的标准化族库，从而设立装配式建筑规范和标准。在此期间，随意搭配各个族库中的构件，可以丰富装配式结构建筑样式，不用投入过多的资源与时间设计建筑。

（3）减少装配式建筑的设计误差。将BIM技术应用进装配式建筑构件的设计中，精细地设计构件尺寸、钢筋直径、间距以及保护层厚度。三维模型能体现相邻构件之间的连接是否紧密，再利用碰撞检测功能找到构件之间是否存在冲突。精细设计，避免吊装拼装时出现各种突发情况，不延误工期，减少经济损耗。

第四章　基于BIM技术的项目管理与应用

本章首先从BIM技术应用和推广过程中常见的问题开始，解释为什么要在项目管理中应用BIM技术，应用BIM技术有哪些优势，能为项目管理创造什么价值。以及开展项目管理中的BIM技术应用等；然后讲述了BIM的协同特性，以及它在项目管理中的应用；最后简要说明了BIM在项目管理中总体实施的步骤和内容。

第一节　BIM技术在项目各方面的应用

开展项目时，各利益相关方不仅占项目管理主要地位，也决定了BIM技术的应用，各个利益相关方都有自己在项目管理中所属的责任、权利、职责，就算面对应用在同一个项目中的BIM技术，他们也都有自己需要注意的地方和职责。例如，业主单位更多关注整体项目的BIM技术应用部署和开展，设计单位则更多关注设计阶段的BIM技术应用，施工单位则更多关注施工阶段的BIM技术应用。例如，对于最常见的管线综合BIM技术应用，各个单位的侧重点都存在着极大的差异，净高和造价是建设单位侧重的，宏观调控和系统是否科学是设计单位所侧重之处，成本和施工工序、施工便利是施工单位的侧重点，运维便利程度则归运维单位思考。这表明就算有着同样的BIM技术，这些单位因为侧重点不一致，都会是不同的实施主体，所以其组织方案、实施步骤和控制点都存在差异。

虽然不同利益相关的BIM需求并不相同，但BIM模型和信息根据项目建设的需要，只有在各利益相关方之间进行传递和使用，才能发挥BIM技术的最大价值。所以，实施一个项目的BIM技术应用，一定要清楚BIM技术应用首先为哪个利益相关方服务，BIM技术应用必须纳入各利益相关方的项目管理内容。各利益相关方必须结合企业特点和BIM技术的特点，优化、完善项目管理体系和工作流程，建立基于BIM技术的项目管理体系，进行高效的项目管理。在此基础上，兼顾各利益相关方的需求，建立更利于协同的共同工作流程和标准。

BIM技术应用与传统的项目管理联系紧密，所以BIM技术在各利益相关方手中都要从以下几点进行，它们分别为对传统项目管理的分析、BIM应用的需要、形式、流程和控制节点，逐渐优化管理体系、流程，使其多样化，管理效果拔群，井然有序。

一、业主单位与BIM应用

（一）业主单位的项目管理

业主单位是建设工程生产过程的总集成者，是人力资源、物质资源和知识的集成，也是建设工程生产过程的总组织者。业主单位也是建设项目的发起者及项目建设的最终责任者，业主单位的项目管理是建设项目管理的核心，作为建设项目的总组织者、总集成者，业主单位的项目管理任务重且繁琐、工作范围广泛，要负很大的责任，建设项目是否能增值都要看其管理质量和效率。

业主单位的项目管理是所有各利益相关方中唯一涵盖建筑全生命周期各阶段的项目管理，业主单位的项目管理在建筑全生命周期项目管理各阶段均有体现，作为项目发起方的业主单位应将建设工程的全寿命过程以及建设工程的各参与单位集成对建设工程进行管理，应站在全方位的角度来设定各参与方的权责利的分工。

（二）业主单位BIM项目重管理的应用需求

业主单位首先需要明确利用BIM技术实现什么目的、解决什么问题，才能更好地将BIM技术应用进项目管理里。业主通常想看到BIM技术应用进投资、建设效率里，并产生好的影响，获取大量真实有效果的竣工运维模型和信息，为竣工运维服务，在实现上述需求的前提下，也希望通过积累实现项目的信息化管理、数字化管理。

应用BIM技术可以实现的业主单位需求如下。

1. **招标管理**

业主单位招标管理阶段，BIM技术应用主要体现在以下几个方面。

（1）数据共享。BIM模型的直观、可视化能够让投标方快速的深入了解招标方所提出的条件、预期目标，保证数据的共通共享及追溯。

（2）经济指标精确控制。控制经济指标的精确性与准确性，避免建筑面积与限高的造假，以及工程量的不确定性。

（3）无纸化招标，能增加信息透明度，还能节约大量纸张，实现绿色低碳环保。

（4）削减招标成本，基于BIM技术的可视化和信息化，可采用互联网平台低成本、高效率的实现招标、投标的跨区域、跨地域进行，使招投标过程更透明、更现代化，同时能降低成本。

（5）数字评标管理。基于BIM技术能够记录评标过程并生成数据库，对操作员的操作进行实时的监督，有利于规范市场秩序，有效推动招标投标工作的公开化、法治化，使得招投标工作更加公正、透明。

2. 设计管理

在业主单位设计管理阶段，BIM技术应用主要体现在以下几个方面：

（1）协同工作。基于BIM的协同设计平台，能够让业主与各参与方实时观测设计数据更新、施工进度和施工偏差查询，实现图纸、模型的协同。

（2）基于精细化设计理念的数字化模拟与评估。基于BIM数字模型，可以利用更广泛的计算机仿真技术对拟建造工程进行性能分析，如日照分析、绿色建筑运营、风环境、空气流动性、噪声云图等指标；也可以将拟建工程纳入城市整体环境，将对周边既有建筑等环境的影响进行数字化分析评估，如日照分析、交通流量分析等指标，这些对于城市规划及项目规划意义重大。

（3）复杂空间表达。在面对建筑物内部复杂空间和外部复杂曲面时，利用BIM软件可视化、有理化的特点，能够更好地表达设计和建筑曲面，为建筑设计创新提供了更好的技术工具。

（4）图纸快速检查。利用BIM技术的可视化功能，可以大幅度提高图纸阅读和检查的效率，同时利用BIM软件的自动碰撞检测功能，也可以帮助图纸审查人员快速发现复杂困难节点。

3. 工程量快速统计

目前主流的工程造价算量模式有几个明显的缺点：图形不够逼真；对设计意图的理解容易存在偏差，容易产生错项和漏项；需要重新输入工程图纸搭建模型，算量工作周期长；模型不能进行后续使用，没有传递，建模投入很大但仅供算量使用。利用BIM技术辅助工程计算，能大大减轻工程造价工作中算量阶段的工作强度。首先，利用计算机软件的自动统计功能，即可快速地实现BIM算量；其次，由于是设计模型的传递，完整表达了设计意图，可以有效减少错项漏项。同时，根据模型能够自动生成快速统计和查询各专业工程量，并对材料计划、使用做精细化控制，避免材料浪费。利用BIM技术提供的参数更改技术，能够将更改自动反映到其他位置，从而可以帮助工程师们提高工作效率、协同效率以及工作质量。

4. 施工管理

在施工管理阶段，业主单位更多的是施工阶段的风险控制，包含安全风险、进度风险、质量风险和投资风险等，其中安全风险包含施工中的安全风险和竣工交付后运营阶段的安全风险，同时，考虑不可避免的“沟通噪声”业主单位还要考虑变更风险。在这一阶段，基于各种风险的控制，业主单位需要对现场目标的控制、承包商的管理、设计者的管理、合同管理、手续办理、项目内部及周边管理协调等问题进行重点管控。为了有效管控，急需专业的平台来提供各个方面庞大的信息和各个方面人员的管理。

5. 销售推广

利用BIM技术和虚拟现实技术、增强虚拟现实技术、3D眼镜、体验馆等，还可以将BIM模型转化为具有很强交互性的三维体验式模型，结合场地环境和相关信息，从而组成沉浸式场景体验。在沉浸式场景体验中客户可以定义第一视角的人物，以第一人称视角，身临其境，浏览建筑内部，增强客户体验。利用BIM模型，可以轻松出具房间渲染效果图和漫游视频，减少了二次重复建模的时间和成本，提高了销售推广系统的响应效率，对销售回笼资金将起到极大的促进作用。同时竣工交付时可为客户提供真实的三维竣工BIM模型，有助于销售和交付的一致性，减少法务纠纷，更重要的是能避免客户二次装修时对隐蔽机电管道的破坏，降低安全和经济风险。

6. 运维管理

《城镇国有土地使用权出让和转让暂行条例》第12条规定，土使用权出让最高年限在不同的用途中是不同的，从上到下的排列就是：居住用地上限最高，可达70年；工业用地与大部分用地的年限一样，都是50年；体育、科技、文化、卫生以及仓储用地都是50年；商业、旅游、娱乐用地的年限则少一些，是40年；比较过这些数十年的土地使用权年限，会发现施工建设期通常只有短短几年，而运营维护期就会比施工建设期长一些。建筑物运营维护期间总会持续很长时间，建筑物结构设施（如墙、楼板、屋顶等）和设备设施（如设备、管道等）的维护频率很高。维护方案做得好可以加强建筑物性能、延长建筑寿命、能源的损耗以及修理费用都会相应减少，整体维护成本便会随之降低。

BIM模型应用到运营维护管理系统中能突出空间定位和数据记录的优势，维护计划严谨而科学，专项维护工作都需专门的人进行，使得建筑物在日后的时间里得以轻松面对突发状况。

7. 空间管理

空间管理主要表现在业主单位为减少空间浪费、高效使用空间，营造出一个良好的工作、生活环境来迎接最终用户。管理团队通过BIM可以主观地看到空间的使用情况，将最终用户要求空间变更的请求满足，得出现有空间的使用情况是否合理，将建筑物空间科学安排，高效利用所有的空间资源。

8. 决策数据库

决策是对若干可行方案进行决策，即是对若干可行方案进行分析、分析比较、比较判断、判断选优的过程，决策过程一般可分为四个阶段。

（1）信息收集。对决策问题和环境进行分析，收集信息，寻求决策条件。

（2）方案设计。根据决策目标条件，分析制订若干行动方案。

（3）方案评价。进行评价，分析优缺点，对方案排序。

（4）方案选择。综合方案建设项目投资决策在全生命期中处于十分重要的地位，择优选择。

由于项目管理水平差异较大，信息反馈的及时性、系统性不一，经验数据水平差异较大；同时由于运维阶段信息化反馈不足，传统的投资决策主要依据很难覆盖到项目运维阶段。

BIM技术在建筑全生命周期的系统、持续运用，将提高业主单位项目管理水平，将提高信息反馈的及时性和系统性，决策主要依据将由经验或者自发的积累，逐渐被科学决策数据库所代替，同时决策主要依据将延伸到运维阶段。

二、勘察设计单位与BIM应用

（一）设计方的项目管理

设计方的项目管理是项目建设的其中一个参与方，为项目的整体利益和设计方本身的利益工作。设计在成本、进度、质量上的目标和项目建设的投资目标都是设计方项目管理的目标。设计工作决定了项目建设的投资目标的完成与否。设计阶段是设计方的项目管理工作主要开展的阶段，但设计前后的准备与施工阶段也有涉及，当然，动用前准备阶段和保修期等阶段也少不它的参与。

设计方项目管理有七点内容：①与设计有关的安全管理（提供的设计文件需符合安全法规）；②设计本身的成本控制和与设计工作有关的项目建设投资成本控制；③严格把控设计进度；④严格把控设计水平；⑤认真管理设计合同；⑥认

真管理设计信息；⑦组织和协调与设计工作相关内容。

（二）设计方BIM项目管理的应用需求

在设计方BIM项目管理工作中，一般来说，设计方对于BIM技术应用有以下主要需求。

1. 三维设计

三维立体模型主要用来说明BIM技术，其在一开始就是可视化的、配合适当的，建筑的几何特征可以利用BIM的三维设计精确地展现出来。以往的设计模式，总是遵循着单独进行方案、扩初和施工图设计的规则。但是BIM技术的广泛使用改变了这种现象，创造模型之后会生成平立剖面和大样详图，在创造模型时就会完成很多工作。三维设计比二维绘图更容易表达内容，可以正确精准地展现所有繁复多样的建筑造型。

2. 协同设计

协同设计是设计方技术更新的重要方向。交互式协同平台可以利用协同技术构建，这个平台的所有专业设计人员都一起设计，本专业的设计成果是开放和共享的，其他专业的设计进程也在实时更新，使得各个专业间（以及专业内部）因为交流存在障碍或者没有第一时间进行交流而出现的错、漏、碰、缺等现象大幅度减少，进而完成所有图纸信息元的单性，一处有变更其他也跟着变更，将设计的效率和质量加强。在此期间，设计项目的规范化管理同样取决于协同设计，如文件、人员、进度、流程的管理，以及批量打印等。

BIM技术与协同技术两者联系紧密，谁也少不了谁，是一个共同体，BIM的关键就是充分结合BIM技术与协同技术，让它们共同作为一个设计手段和工具，将协同设计的技术含量提升上去。

3. 建筑性能化设计

随着信息技术和互联网思维的发展，促使现阶段的业主和居住者对建筑的使用及维护会表现出更多的期望，在这样的环境下，西方发达国家已经逐渐开始推行基于对象的、新式的“基于性能化”的建筑设计理念，使建筑行业变得更加依赖客户端驱动，提供更好地工程价值及客户满意度。

目前，已逐渐开展的性能化设计有景观可视度、日照风环境、热环境、声环境等性能指标，这些性能指标一般在项目前期就已经基本确定，但由于缺少技术手段，一般项目很难有时间和费用对上述各种性能指标进行多方案分析模拟，BIM技术对建筑进行数字化改造，借助计算机强大的计算功能，使得建筑性能分析的普及应用具备了可能。

4. 效果图及动画展示

设计方想要展现设计成果一般都离不开效果图和动画等工具，BIM系列软件的工作方式以三维模型为基础，软件的着色能力和动画功能十分强大，专业、抽象的二维建筑转变成三维来展现，更加直观化、可视化，让一系列不是专业的人员可以看得更加清楚明白，对项目功能性有一个正确的判断。

5. 碰撞检测

三维碰撞检查已可以充分运用BIM技术，国内外的类似软件功能相似，Navisworks软件就是如此，它们都可运用BIM可视化技术，项目的土建、管线、工艺设备等进行管线综合及碰撞检查，这在还未开始工程时就能进行了，硬软碰撞被去除，工程设计更加完善，不会在建筑施工阶段出现过多的错误而造成损失和减少返工次数，将净空和管线排布方案逐渐趋于完善。

6. 设计变更

即为设计单位以建设单位要求为基础进行调节，修改、完善、升级原先的设计内容。图纸或设计变更通知单是改变设计发出的形式。

在建设单位组织的有设计单位和施工企业参加的设计交底会上，经施工企业和建设单位提出，各方研究同意而改变施工图的做法，属于设计变更，为此而增加新的图纸或设计变更说明都由设计单位或建设单位负责。而引入BIM技术后，利用BIM技术的参数化功能，可以直接修改原始模型，并可实时查看变更是否合理，减少变更后再次变更的情况，提高变更的质量。

（三）设计方BIM技术应用形式

目前，全国设计方BIM技术发展水平并不一致，有的设计方BIM设计中心已发展为数字服务机构，专职为建设方提供信息化咨询和技术服务，包括软件研发和平台研发，有的才刚刚开始了解BIM技术。

BIM技术在设计方主营业务领域应用形式主要是：①已成立BIM设计中心多年，基本具备设计人直接使用BIM技术进行设计的能力；②成立BIM设计中心，由BIM设计中心与设计所结合，二维设计与BIM设计阶段应用同步进行；③刚开始接触BIM技术，由咨询公司提供BIM技术培训、提供二维设计完成后的BIM翻模和咨询工作。上述三种形式分别称为BIM设计（设计BIM2.0）、BIM同步建模（设计BIM1.5）和BIM翻模（设计BIM1.0）。

（四）设计方的BIM技术的应用流程

与其他行业相比，建筑物的生产是基于项目协作的，通常由多个平行的利益相关方在较长的生命周期中协作完成。因此，建筑信息模型尤其依赖于在不同阶段、不同专业之间的信息传递标准，就是要建立一个在整个行业中通用的语义和信息交换标准，使不同工种的信息资源在建筑全生命周期中各个阶段都能得到很好地利用，保证业务协作可以顺利地进行。

设计流程因为应用BIM技术而出现了很多转变。在进行以往的设计时图纸是所有设计阶段设计的交流媒介，各个设计阶段的内容能在不同的图纸中展现出来，所以信息闭塞、设计差异过大的现象总会出现。从前的设计流程所有阶段和专业间的信息、都无法完全共享，所有情况都不能及时传达，应用了BIM技术之后，设计刚开始时就能集合整理不同专业的信息模型，使设计流程得以与时俱进，利用BIM模型，随时随地的共享设计过程中的信息。

BIM技术的应用改变了设计过程，使其不再是从各专业点、对点的滞后协同转变，而成为利用同一个平台随时互动的信息协同方式。这种方式的优势广泛，为交互方式和各专业间配合带来了好的影响，在刚开始设计时就能发现并解决问题，将设计水平提升上去。

（五）设计方的BIM技术应用的核心

设计方无论采用何种BIM技术应用形式和技术手段、技术工具，应用的核心在于用BIM技术提高设计质量，完成BIM设计或辅助设计表达，为业主单位整体的项目管理提供有力有效的技术支撑，所以，设计方BIM技术应用的核心是模型完整表达设计意图，与图纸内容一致，部分细节的表达深度，可能模型要优于二维图纸。

（六）勘察单位与BIM技术应用

勘察单位主要是野外土工作业与室内试验，与BIM技术的衔接主要是勘察基础资料和勘察成果文件提交，目前BIM应用于该领域的案例较少，有待于BIM技术应用普及后，勘察单位逐渐参与到BIM技术应用工作中来。

三、施工单位与BIM应用

（一）施工单位的项目管理

施工项目管理是以施工项目为管理对象，以项目经理责任制为中心，以合同为依据，按施工项目的内在规律，实现资源的优化配置和对各生产要素进行有效的计划、组织、指导、控制，取得最佳的经济效益的过程。施工项目管理的核心任务就是项目的目标控制，施工项目的目标界定了施工项目管理的主要内容就是“三控三管一协调”，即成本控制、进度控制、质量控制、职业健康安全与环境管理、合同管理、信息管理和组织协调。

（二）施工单位BIM项目管理的应用需求

施工单位是项目的最终实现者、是竣工模型的创建者，施工企业的关注点是现场实施，关心BIM如何与项目结合、如何提高效率和降低成本。

仅针对施工模型建立、施工质量、进度、成本、安全几个方面进行简要介绍。

1. 施工模型建立

施工前，施工单位、施工组织设计技术人员需要先进行详细的施工现场查勘，重点研究解决施工现场整体规划、现场进场位置、卸货区的位置、起重机械的位置及危险区域等问题，确保建筑构件在起重机械安全有效范围作业；施工工法通常由工程产品和施工机械的使用决定，现场的整体规划、现场空间、机械生产能力、机械安拆的方法又决定施工机械的选型；临时设施是为工程施工服务的，它的布置将影响到工程施工的安全、质量和生产效率。

鉴于上述原因，施工前根据设计方提供的BIM设计模型，建立包括建筑构件、施工现场、施工机械、临时设施等在内的施工模型。基于该施工模型，可以完成以下内容：基于施工构件模型，将构件的尺寸、体积重量、材料类型、型号等记录下来，然后针对主要构件选择施工设备、机具，确定施工单位法；基于施工现场模型，模拟施工过程、构件吊装路径、危险区域、车辆进出现场状况、装货卸货情况等，直观、便利地协助管理者分析现场的限制，找出潜在的问题，制定可行的施工单位法；基于临时设施模型，能够实现临时设施的布置及运用，帮助施工单位事先准确地估算所需要的资源、评估临时设施的安全性、是否便于施工以及发现可能存在的设计错误；整个施工模型的建立，能够提高效率，减少传统施工现场布置方法中存在漏洞的可能，及早发现施工图设计和施工单位案的问题，提高施工现场的生产率和安全性。

2. 施工质量管理

一方面，业主是工程高质量的最大受益者，也是工程质量的主要决策人，但由于受专业知识的局限，业主同设计人员、监理人员、承包商之间的交流存在一定困难，BIM为业主提供形象的三维设计，业主可以更明确地表达自己对工程质量的要求，如建筑物的色泽、材料以及设备要求等，有利于各方开展质量控制工作。

另一方面，BIM是项目管理人员控制工程质量的有效手段。由于采用BIM设计的图纸是数字化的，计算机可以在检索、判别、数据整理等方面发挥优势。而且利用BIM模型和施工方案进行虚拟环境数据集成，对建设项目的可建设性进行仿真试验，可在事前发现质量问题。

3. 施工进度管理

在BIM三维模型信息的基础上，增加一维进度信息，我们将这种基于BIM的管理称为4D管理，从目前看，BIM技术在工程进度管理上有三方面应用。

第一，是可视化的工程进度安排，建设工程进度控制的核心技术，是网络计划技术。目前，该技术在我国利用效果并不理想。在这方面BIM有优势，通过与网络计划技术的集成，BIM可以按月、周、天直观地显示工程进度计划。另外便于工程管理人员进行不同施工方案的比较，选择符合进度要求的施工单位方案；同时，也便于工程管理人员发现工程计划进度和实际进度的偏差，及时进行调整。

第二，是对工程建设过程的模拟。工程建设是一个多工序搭接、多单位参与的过程。工程进度总计划，是由多个专项计划搭接而成的。传统的进度控制技术中，各单项计划间的逻辑顺序需要技术人员来确定，难免出现逻辑错误，造成进度拖延；而通过BIM技术，用计算机模拟工程建设过程，项目管理人员更容易发现在二维网络计划技术中难以发现的工序间逻辑错误，优化进度计划。

第三，是对工程材料设备供应过程的优化。随着经济的不断发展，科学技术也逐渐完善与进步，通过计算机可以做到的事情也越来越多。计算机在工程建设方面起到的作用很大，计算机内部的资源计算、信息共享和资源优化等功能。之间可以通过互相结合，互相联系，节约建设成本，还能提高工作效率，从而保证工作进度的完成。由于目前的项目工程无论在计算中还是实施的过程中，程序趋于复杂并且多变，参与工程建设的个体单位也越来越多，所以在建设安排中可以节省公司的原料、不耽误工作进程和节约运输成本，是我们工程建设面临的主要问题，由此可以说明BIM为工程建设提供了科学的技术手段。

4. 施工成本管理

在4D的基础上，加入成本维度，被称为5D技术，5D技术是对4D技术的升级，是其发展的上一层次。在BIM中它具有很重要的价值，其中5D中的成本管理就是最主要的一方面。以前我国就已经对5D技术进行过研究，当时是在CAD的平台上研究的，当BIM出现后，对这一技术的研究更加深入，研究的范围和空间也更加广泛。主要表现在以下四个方面。

第一，BIM使工程量计算变得更加容易。BIM这项技术为我们工作带来了极大的便利，尤其是在工程设计中，我们不用告诉计算机想要画什么，“三维算量”就可以准确地算出你要画什么，它还可以帮助你完成计算，无论什么东西都可以在自动化下完成。这也说明了在BIM平台上，设计图纸时需要的不再是线条，而是具有属性的构件。

第二，BIM使成本控制更易于落实。使用BIM技术可以降低业主不可预见费比率，可以使得项目投资在估算或者计算的过程中更加准确，还可以提高资金的利用率，使用BIM技术，业主可以对不同建设方案的投资进行估算或者计算，还可以对不同方案中的技术经济指标进行评估。与此同时，BIM技术在企业应用的范围也较广，也可以帮助企业优化升级。相关部门可以利用BIM技术准确获得自己想要的数据，在企业制造“人材机”的计划中可以为其提供技术支持，从而减少了资源的浪费，减少了物流和仓储环节的缺失，在面对限额领取材料和控制消耗的材料中起到了很重要的作用。

第三，BIM有利于加快工程结算进程。工程在实施中面临的问题比较多，有的是结算方面的，有的是建设方面的，总而言之，影响进度款支付拖延有两方面因素：一是工程变成多；二是结算数据存在争议。BIM技术的发展与完善就可以很好地解决这一问题。对于工程可以提高设计图纸的质量，这样就可以减少施工时出现的工程变更、变多的情况；对于结算数据存在争议的问题，如果业主与承包商经过商量、讨论后意见统一，在经过BIM的计算后，结算数据的结果会比较精确，就不会出现数据不同的问题。

第四，多算对比及有效监控。BIM中的数据库可以对任意一个时点中的工程信息进行获取，并且通过对合同计划和实际的资源消耗量，对分项单价、分项合价中的各个数据进行比较和计算，对企业项目运营过程中的各项问题都有所了解。例如，企业目前是亏损还是盈利状态，消耗产品的数量有误或进货分包单价是否有失控的情况发生，可以及时对这些问题进行管理，通过管理这些问题，还可以预测出成本和风险各占多少。企业的管理都是靠数据支撑起来的，而项目在管理最基本的就是对数据的管理，准确、合理地对工程数据进行掌握是项目管理中的核心。

5. **施工安全管理**

BIM具有信息完备性和可视化的特点，BIM在施工安全管理方面的应用主要体现在以下三个方面。

第一，将BIM当作数字化安全培训的数据库，这种培训与传统的安全训练有很大的区别，利用BIM中的两大特点，可以使工人对施工现场有更深层次的了解，对于现场中存在的问题也可以一目了然，可以准确分析中现场存在的各种问题，然后制订出相应的解决策略。采用BIM技术，面对新的工人对工厂设施环境不了解的情况，以及可能会对人造成伤害的状况，都可以很好的解决，并且可以帮助工人快速掌握工厂的设施环境。

第二，施工空间是会变化的，它会随着工程的实施进度不断地改变，这样不仅会影响工人的工作效率，还会增加施工中的危险系数，而BIM技术是动态的，可以在肉眼观察中看到的，它可以为施工空间提供可视化的管理，通过这项模拟技术，观察工作人员的施工情况，还可以清楚的看到工作中所有会涉及的因素，例如，施工工作面和施工中机械的摆放位置等，并且也能够对工作空间中的可以利用的情况和安全系数做出分析。

第三，仿真分析及健康监测，对于复杂工程，在施工中如何考虑不利因素对施工状态的影响并进行实时的识别和调整，如何合理准确地模拟施工中各个阶段结构系统的时变过程，如何合理的安排施工和进度，如何控制施工中结构的应力应变状态处于允许范围内，都是目前建筑领域所迫切需要研究的内容与技术。通过BIM相关软件可以建立结构模型，并通过仪器设备将实时数据传回，然后进行仿真分析，追踪结构的受力状态，杜绝安全隐患。

（三）施工单位的BIM技术应用形式

目前，全国施工单位的BIM技术发展水平并不一致，有的施工单位经过多年多个项目的BIM技术应用，已经找到了BIM技术在施工单位的应用方向，将BIM中心升级为施工深化设计中心，具体的项目管理应用由中心配合项目管理部组织，各分包分别应用，最终集成的服务方式，但也有企业才刚刚开始了解BIM技术。

（四）施工单位的BIM技术常见应用内容

根据不同的应用深度，可分为A、B、C三个等级，其中C级主要集中于模型应用，从深化设计、施工策划、施工组织从完善、明确施工标的物的角度进行各业务点IM技术应用，B级在C级基础上，增加了基于模型进行技术管理的内容，如进度管理、安全管理等项目管理内容，A级则基本包含了目前的施工阶段BIM技术应用，既包含了B级、C级应用深度，也包含了三维扫描、放线，以及协同平台等更广泛的BIM技术应用。

四、监理咨询单位与BIM应用

项目管理过程中常见的监理咨询单位有监理单位造价咨询单位和招标代理单位等，也有新兴的BIM咨询单位，这里仅以与BIM技术应用更为紧密的监理单位、造价咨询单位、BIM咨询单位进行介绍。

（一）项目管理中的监理单位工作特征

工程监理这一部门是连接施工单位和建设单位的，每个相关部分要想工作顺利开展都离不开监理部门。工程监理的工作设计的范围广泛，除了要做好本职工作的监督和管理之外，还要对工程的实施进度、工程的安全问题和工程的投资状况等其他方面进行管理；工程监理的委托权只有建设单位拥有，建设单位如果想找出与自己自身状况相一致，而且能力范围相当的工程监理单位，就会采取招标的形式，来确定出与之相匹配的单位，在管理上会采取有偿的形式委托机构对工程状况进行管理和监督。监管范围的确定则是由很多条例制定的，有相关的法律法规、承包商的合同、工程监理的合同等；工程监理的单位是比较具有独立性的，它不仅需要维护好建设单位的合法权益，还要公正、合理地对单位的利益进行估算。

（二）监理方BIM项目管理的应用需求

从监理单位的工作特征可以看出，监理单位是受业主方委托的专业技术机构，在项目管理工作中执行建设过程监督和管理的职责。如果按照理论的监理业务范围，监理业务包含了设计阶段、施工阶段和运维阶段，甚至包含了投资咨询和全过程造价咨询，但通常的监理服务内容往往仅包含了建造实施阶段的监督和管理，本书中对于监理方BIM项目管理的介绍局限于通常的监理服务内容，将监理单位和造价咨询单位分开介绍，如监理单位也承担造价咨询业务，结合造价咨询单位部分的BIM介绍，共同理解。正因为监理单位不是实施方，而BIM技术目前尚在实践、探索阶段，还未进入规范化应用、标准化应用的环节，所以，目前BIM技术在监理单位的应用还不普遍。但如果按照项目管理的职责要求，一旦BIM技术规范开始应用，监理单位仍将代表建设方监督和管理各参建单位的BIM技术应用。

鉴于目前已有大量项目开始BIM技术应用，监理单位目前在BIM技术应用领域应从以下两个方向开展技术储备工作。

（1）大量接触和了解BIM应用技术，储备BIM技术人才，具备BIM技术应用监督和管理的能力。

（2）作为业主方的咨询服务单位，能为业主方提供公平公正的BIM实施建议，具备编制BIM应用规划的能力。

（三）造价咨询单位的BIM技术应用

造价咨询单位在工程造价咨询是指面向社会接受委托，承担工程项目的投资估算和经济评价、工程概算和设计审核、标底和报价的编制和审核、工程结算和竣工决算等业务工作造价咨询单位的服务内容，总体而言包含两部分：一是具体编制工作；二是审核工作，这两部分内容的核心都是工程量与价格（价格包含清单价、市场价等）。其中工程量包含设计工程量和施工现场实际实施动态工程量。BIM技术的发展和推广对造价工程实施方面起到了重要的影响。它不仅会提高造价咨询单位的管理控制能力，还会完善建设中的项目，对其是实行强有力的管理。

（1）在使用BIM技术后，造价单位中算量建模的工作量将会减少，传统的算量模型也会发生很大的转变。传统的建模工作都是靠大量的体力劳动完成的，在使用新兴技术后，会变成是在算量模型的基础上对模型进行的检查与完善，传统的算量建模工作也会变成以模型检查和补充建模为主。

（2）BIM技术使用后，造价单位中的工作效率得到提升。因为技术水平提升后，算量建模的工作相应减少，会直接减少造价咨询时产生的时间，与此同时，对于模型建构的影响是很大的，通过算量对其成果进行检验和观察。而传统的造价咨询与现在是完全不同的，一般都是在工程设计完成后，依据图纸对工程中所涉及的项目进行一一统计和计量，计算时间是很慢的，工作效率并不高，最长时间甚至会达到数周，这个工作才可以完成。

（3）将减轻企业负担，形成以核心技术人员和服务经理组成的企业竞争模式。传统造价咨询行业，算量建模人员数量占据了企业主要人员规模。BIM技术应用推广以后，算量建模将不再是造价咨询企业的人力资源重要支出，丰富的数据资源库、项目经验积累、资深的专业技术人员，将是造价咨询企业的核心竞争力。

（4）单个项目的造价咨询服务将从节点式变为伴随式。随着经济技术水平的发展，BIM的出现与不断完善，随之带来的影响是巨大的，它开始慢慢渗透到各个领域，并对相应领域的发展，起到了很大的作用。而造价行业就是它影响之一，造价咨询不再拘泥于对项目预算、结算和变更评估。在项目进度评估、项目赢得分析中，都需要有造价咨询的支持；与此同时，不要小看造价咨询的工作，它是一项复杂且系统的管理工作，涵盖了定额众多子项和市场信息调价，过程中存在众多的暗门，必须有专业的软件应用人员和造价咨询专家技术支持。造价咨询行业将延伸到项目现场，延伸到项目建设全过程，与项目管理高度融合，提供持续的造价咨询技术服务。

（四）BIM咨询顾问的BIM技术应用

在BIM技术应用初期，BIM咨询顾问多由软件公司担当，在BIM技术推广应用方面功不可没。从长远来看，以CAD甩图板为例，纯BIM技术的咨询顾问公司将不再独立存在，但在相当长的一段时间内，BIM咨询顾问将会存在我们世界中很长一段时间，它的存在方式是两种类型并存。

第一类存在方式是“BIM战略咨询顾问”，这类咨询顾问在公司中主要是帮助管理层解决一些实际面临的问题，和企业的管理团队共同研究任务的分配，以及人员如何执行，因为它也是企业BIM管理中的一部分，所以工作任务与BIM大体相同，一般在企业中只有一家BIM战略咨询顾问就够了，如果一个企业中有很多家咨询顾问，解决问题会变得方便，但是执行起来很难达到统一。

BIM战略咨询顾问对企业要求较高，要求其对项目管理实施规划、BIM技术应用、项目管理各阶段工作、各利益相关方工作内容，均要精通且熟练。

第二类BIM咨询顾问是根据需要，帮助企业完成企业自身目前不能完成的各类具体BIM在项目各为中的应BIM任的“BIM专业服务提供商”，一般情况下，企业需要多家BIM专业服务提供商，是因为没有一家BIM咨询顾问能在每一项BIM应用上都做到最好，企业之所以要选择多家BIM提供商，有两个目的：一是通过多家做比较；二是经过比较后可以找到性价比高，服务又好的提供商。所以，对于同样的BIM任务，企业会找多家BIM提供商。

目前，BIM咨询顾问尚无资质要求，理论上可对项目管理任意一方提供BIM技术咨询服务，但在实际操作过程中，企业往往根据BIM咨询顾问的人员技术背景、人员技术实力、企业业绩，选择合适的BIM咨询顾问合作。

（五）运维单位与BIM应用

1. 运维单位与项目管理

常规项目开发建设最长3～5年，而运维单位管理工作则长达50～70年，甚至上百年。工程建设与物业管理是密不可分的，正确处理好工程建设与物业管理的关系，搞好建管衔接是确保建筑全生命周期使用周期内“长治久安”的大事。在一些新建住宅小区，之所以出现“一年新、二年破、三年乱”的现象，业主在居住初期就有大量的投诉和报修，以及物业管理前期介入开发建设的全过程难于落实，从根本上讲，主要是还没有找到开发建设与物业管理有效衔接的途径和手段。

对于任何事物来说，管理服务都是经常性且不间断的。只有这样做，才可以为所需要服务和管理的人提供更高层次的服务。建筑物是不动产，在不动产中它的磨损也是最小的，使用周期和寿命都是最长的。建筑物在使用的过程中需要自身的维护和保养，还有房屋的主人不间断地接受服务的需求，与此同时，它可以美化城市，让我们生活在安稳的环境中，这些事项的完成仅仅依靠房屋自身是不够的，还需要我们的管理和服务。这种管理过程也是系统的，并不是随意创造的，目的是为了提供更好的服务。

以下就住宅小区物业管理与开发建设过程中一些主要环节，介绍运维单位与项目管理之间的关系。

（1）规划设计阶段的物业前期介入。

在发达城市中的小区管理情况不错，例如，有一些方面在小区规划设计时就整理得很好，所以在后期使用中既方便又安全。这些方面都体现在小区的绿化面积很大，这样可以起到美化的作用；垃圾放置点安排的合理，方便居民投放垃圾，还不会对小区造成污染；小区封闭式的管理，让居民的人身安全得到保障；物业管理和办公地点，方便居民有事找物业处理等，在设计时都要做好规划，这为以后物业管理也提供了便利，只有这样的小区才可以在使用周期内做到良性循环。规划设计明显非常重要，它也是小区在开发设计之前要做的工作，是建设之前的重要环节，对小区的形成与存在的影响很大。在规划设计时，要考虑的问题很多，如住宅区的布局、环境布置和使用功能等，特别注意要考虑日后的物业管理问题，现在很多开发商在设计开发时很少考虑到物业管理的情况，所以在小区建设完成后，小区的物业问题堪忧、管理不到位、居民人身安全没有保障等一系列问题都会出现。

（2）工程建设阶段的物业监督。

在住宅小区建设阶段，施工质量直接关系到小区将来使用功能的正常发挥。抓好小区建设的施工质量不仅关系到住户的切身利益，也关系到日后物业管理的难易，这是物业管理的重要内容，所以物业需配合工程建设参与工程监督：物业是以住户的身份代表业主利益检验工程质量，要避免为验收而验收；能够让物业在房屋建设中收集相关资料，例如，水阀开关在哪？暖气管道的布局是怎样的，房屋的结构是如何的等，在业主入住之前收集好资料，对房屋的基本情况有所了解，这样会在日后的管理中方便很多，还能够为居民用户的水电管理提供便利，这样的小区建设才是真正的为居民着想；能够按照规划设计图纸严格执行建设，不会因为施工出现难度就随意更改设计图纸，坚决不允许发生不顾小区的日后管理而随意建设的情况发生。

（3）接管前的承接查验。

物业管理部门会与建设单位签订《前期物业管理服务协议》，协议的签订是要大家明确，即使建设单位将小区建设完成，如果后期出现问题，建设单位都是要负相应责任。物业管理单位对工程的验收，以及小区竣工后对小区的验收是对建设单位的一个制约环节，也是监督管理环节。对于没有按照规划设计建设的部分，物业管理部门有权对建设单位提出要求，并可以让建设单位对其进行完善，这样可以确保物业管理的落实。物业管理部门在验收时也要严格遵循建设原则，对小区内的每一项设施都严格要求，并且做好登记，然后办理交接的手续，建立起移交的档案。从法律上讲是完成建管交接，验收的主要内容包括分户验收、设备验收、配套验收公区验收等。

（4）综合竣工验收后的项目移交接管。

住宅小区综合竣工验收后标志着开发建设单位的工程建设任务的完成，物业管理单位在这个阶段要全面的介入前期管理。前期物业管理是指从房屋竣工交付使用销售之日至业主委员会成立之日的管理，按照有关规定新建住宅小区入住率达到50%以上时，才具备成立业主委员会的条件。因此，从小区竣工到业主委员会成立一般要2～3年的时间，在这期间物业管理企业实施前期物业管理是避免建管脱节的重要措施。首先，要做好与开发单位的移交工作，移交主要包括资料移交、物品移交、工程移交等。其次，在小区工交付后的前期物业管理阶段，虽然开发建设单位的工程建设任务完成了，但一般情况下，其住宅销售正值高峰期，通过实施优质的物业管理服务一方面能够增强购房者的信心，另一方面也能够对相关群体产生潜在的购房消费需求，起到促销的作用，并能加快开发单位投资回收的速度，这也体现了物业管理反作用于开发建设的特性。

综上所述，住宅小区的物业管理与开发建设的各个环节有着内在的联系，开发建设单位为购房人提供了住宅产品消费，物业管理单位为购房人提供了物业服务消费，从维护消费者权益的角度，无论是提供住宅产品的开发商，还是提供服务行为的物业管理，其根本目的是一致的，那就是让业主（消费者）享有优良的产品和优质的服务，因此住宅小区的开发建设和物业管理是相互依存、相互促进的关系。

2. 运维单位BIM项目管理的应用需求

结合运维单位在建筑全生命周期项目管理流程中的特点，运维单位的BIM应用需求主要来自以下四个方面。

（1）BIM技术可以用更好、更直观的技术手段参与规划设计阶段。

（2）BIM技术应用帮助提高设计成果文件品质，并能及时地统计设备参数，便于前期运维成本测算，从运维角度为设计方案决策提供意见和建议。

（3）在施建造阶段，运用BIM技术直观检查计划进展、参与阶段性验收和竣工验收，保留真实的设备管线竣工数据模型。

（4）在运维阶段，帮助提高运维质量、安全、备品备件周转和反应速度，配合维修保养，及时更新BIM数据库。

第二节　BIM技术应用中存在的主要问题

BIM技术要在不同的时段都有新的管理模式，并且可以跟进时代的发展脚步对相关企业进行管理，不同的BIM也要有不同的管理方式，因为专业不同，所以在管理上没必要趋同一致。目前BIM技术实施的重要环节是可以协助管理。由于达不到这一标准，所以面临的问题也很多。首先，基于我国的基本国情，BIM的推广范围很小，那么使用这项技术的群体就很少；其次，推广的大环境不成熟；最后，我国并没有为BIM技术专门建立起来的法律体系，也没有对它的使用标准有明确的界定，所以这导致在使用它的过程中会受到很多因素的限制。国内的相关专家则认为是没有相关法律体系的支持，才会导致BIM技术没有办法大面积的推广。只有政府加大推广力度，并且制定出相关的法律体系，才能对BIM技术的管理做到统筹兼顾，更好地服务于社会发展。

（1）我国对BIM技术的应用不是很明确，也没有具体的概念，更没有相应的法律法规对BIM技术做出解释，这会导致BIM技术在运用中受到很多方面的限制。基于我国目前国情来看，BIM这项技术并没有得到广泛的推广和应用，所处的推广环境也不成熟。相关领域的专家认为是因为缺乏完善的体系，才会导致BIM技术推广起来艰难。面对这一问题，政府要做的就是加强对BIM技术的教育宣传工作，并且制定相关的法律法规，给予BIM根本的法律保障。

（2）BIM技术要想长远发展，就应该实现共同协助管理。目前BIM技术在我国处于松散的状态，在运用时也没有得到很好的管理。在我国推广的不同阶段都应该有不同的管理方式，因为BIM并不是单一专业的，它的软件设计有不同的专业，所以就需要不同的管理方式配合其发展。

（3）为了制定双方的利益关系，BIM技术应该对建筑项目中的投入和利益进行综合分析，并制定出科学、合理的利益分配比和成本使用的策略。这可以保证BIM技术在每个阶段都可以产生较大的盈利，获取更多的经济效益。这样做可以解决BIM在实施阶段成本和利益分配比例不均的情况，还可以解决BIM技术在各个阶段发挥不均的问题。

（4）BIM技术的顺利完成需要三样关键的因素：一是大量的时间；二是充足的资金；三是具备高科技知识的工作人员。只有这三者都具备才可以建立起完整的工作流程，这三者只有同时进行才会成功。另外，对BIM技术的应用也是一件不容易的事情，需要建筑师和设计师共同协作完成，因为从平面设计转化成事物设计，这一过程在执行中也是不容易的，两者要有相同的设计理念。如果实现BIM技术的整体运用，还需要设计师和建筑师在思想上共同转变。

BIM在建筑行业的运用是为整个项目的建设周期而服务，为建筑中各方面工作都提供了便利，并且使得建筑行业的发展更加迅猛。BIM技术的发展态势是迅猛的，但是它发展的越迅猛也就代表它的发展前景越不可限量。目前，我国的BIM技术都处于不断完善的状态，在策划中BIM也是效率最高的辅助工具，这也意味它的发展状况是可喜的，应用范围也会逐渐广泛，在建筑事业中也可以贡献一份力量，并且带动建筑事业向前发展。

第三节　BIM技术在项目管理中的协同

一、协同的概念

协同工作中出现的问题较多，因为参与项目工作的人员较多，设计的项目种类也比较繁杂，而且影响协同的因素也比较多，在工程实施的过程中还会经常出现因为配合不够默契造成的工程实施得不到实现，这时就要更改设计图纸，甚至还有工程建设不行，出现重复建设的情况，出现这些问题的原因是协同不足所致。协同是将两个或者多个资源协调整合到一起，为共同完成目标而努力。这时协同中的群体越多，需要管理的项目也就逐渐增加，而项目中又会涉及不同的专业，最后就是各个专业之间的融合，这个特点就决定了项目需要密切的合作，但正是因为这样，也会造成分歧的出现。

协同在项目实施过程中，对各参与方在各阶段进行信息数据协同管理意义重大。

以下从CAD时代和BIM时代两个时期对协同方式的改变进行简单介绍。

（一）CAD时代的协同方式

平面设计CAD的工作流程也是各个项目之间协同工作的。首先，是各个专业将自己专业的信息录在电脑中，以电子版的形式打印出来，然后将打印好的文本发送给接受专业；其次，接受专业再将文件落实到设计图纸上，在将反馈得来的意见上交给递交文本的相应专业；最后，会根据各个专业的设计看图纸的设计是否合格。这就是一整套的CAD协同设计的工作流程。

在施工阶段，由施工单位根据设计单位提供的图纸信息进行项目工程施工。在竣工阶段，业主方根据图纸对工程完成情况进行逐项核对，施工阶段的信息传递不是非常流通，也没有办法做到准时有效的传达，因为这一阶段属于单向性的阶段，并且所有的信息都是具有阶段性的。

即使在一些大的、条件好的公司，信息的传递过程也是单项的。虽然可以选择信息服务技术好的设计公司，公司内部局域网和文件传输系统也比较发达，还可以采用链接文件的形式，但是在设计的过程中要及时更新建筑底图，这一过程还是单向的、机电建筑反馈条件也需要提供单独的条件图。

（二）BIM时代的协同方式

BIM技术的协同发展和平台之间的共同利用，在很大程度上将信息、人员都整合起来，达到最大限度的利用，这样做也大大提高了项目管理的效率。另外，通过BIM创造出的三维可视化高仿真模型，使得各个专业中的设计内容都存在于模型中。各参与方可以在数据中输入信息模型，掌握信息模型，还能够根据数据模型完成相应的工作任务，在参与方沟通交流时还可以起到帮助的作用，三维可视模型的应用使得内部的工作人员在交流中可以更加顺利，也利于工作人员之间的任务交接，这样减少了工作项目中因为沟通不通畅和工程变更等引起的问题，提高了工作效率，从而使得项目中可视化、动态化和参数化之间共同管理。

二、协同的平台

BIM项目的进行需要在同一个平台上完成，因为这样的完成方式有利于项目的专业内部和各个专业之间沟通，方便进行实时对接。操作的这个平台可以是专门的平台软件，也可以使用Windows操作完成。协同平台有以下四种功能。

（一）建筑模型信息存储功能

在目前的建筑领域中，很多建筑模型都是以纸质的储存形式存在的，这样的储存形式面对信息量大、对变更频繁的建筑模型信息来说是非常不方便的，而且储存效率也十分低下，如果出现多个项目的工程信息，就会难于储存，储存起来也非常不方便。在科学技术发达的如今，数据库中的存储方式被广泛应用，数据库容量大、查询方便、输出的效率极高，还有利于信息的修改，这些优点决定了建筑信息模型可以储存在数据库中，这样也就解决了当前BIM技术发展面临的问题。建筑信息模型的共享和转换是建筑领域中各个部门和各个专业协同发展的基础，也是实现BIM技术的核心基础，所以在BIM技术协同合作时要具备强大的储存空间。

（二）具有图形编辑平台

在BIM数据库的基础上，构建出图形编辑平台，BIM数据库中的建筑信息模型可以通过图形编辑平台的建构反映出来，可以直观的看到模型的相关信息，专业的设计人员还可以通过对它的设计从而改变BIM数据库中的信息模型。这些都是要在BIM技术协同工作的基础上，专业设计人员对BIM数据库中的建筑信息模型的编辑、转换和共享等一系列的操作。另外，储存整个城市的建筑信息模型还可以和GIS、交通系统之间结合，并且通过图形编辑平台将其展示出来，实现真正意义上的数字城市。

（三）兼容建筑专业应用软件

BIM技术协同合作的平台中，兼容专业应用软件有利于专业设计人员对建筑的设计和衡量。建筑业是一个需要多个专业共同合作完成的行业，例如，在建设实施中，有设计人员，建筑工程师、暖通工程师和排水工程师等，需要大家共同协作才可以完成建设任务。而设计人员在设计时还需要涉及建筑专业软件，包括计算结构软件、计算光照软件等。

（四）人员管理功能

使用BIM技术设计建筑时，要通过此操作平台对设计人员合理分配、对建筑中设计的建筑软件进行有效的管理、对人们的工作流程合理掌握、对信息的传递时间合理分配。这样的管理结果会提高工作人员的工作效率，也会使工作人员都协同工作。在建筑设计到实施的过程中会有很多的工作人员都参与进来，怎样提高工作效率，又可以对工作人员有所约束，才是重要的事情。

三、项目各方的协同管理

项目在实施过程中各参与方较多，且各自职责不同，但各自的工作内容之间联系紧密，故各参与方之间良好的沟通协调意义重大。项目各参与方之间的协同合作有利于各自任务内容的交接，避免不必要的工作重复或工作缺失而导致的项目整体进度延误甚至工程返工。一般基于BIM技术的各参与方协同应用主要包括基于协同平台的信息职责管理和会议沟通协调等内容。

（一）基于协同平台的信息管理

协同平台的生存能力极其顽强，虽然数据会出现变更，但是只要稍作调整就可以完成数据交互的工作。这种强大的因素来源于它具备强有力的模型信息存储能力，项目中各个数据可以通过模型中的接口将信息传递到协同平台中，然后让平台对其进行管理，如果其中哪个数据发生了改变也没有关系，与这个数据相对应的施工进度、工艺搭接和施工工艺等也会自动发生转变，当这种转变发生后，它还会以短信、邮件、平台等方式通知相关参与方，这时双方重新调整模型中的信息就可以。

（二）基于协同平台的职责管理

BIM技术的协同合作是在出现图纸的数量庞大、工程专业比较复杂的情况时使用的。它可以赋予工程管理中所需要的各类信息，并且可以在工程信息出现变更后，及时将模型中的数据信息修改。还能够将工程中涉及的相关信息集中到模型中，并以模型为基础协同合作，在根据图纸上精细建模。同时为保证本工程施工过程中BIM的有效性，对各参与单位在不同施工阶段的职责进行划分，让每个参与者明白自己在不同阶段，应该承担的职责和完成的任务，以及与各参与单位进行有效配合，共同完成BIM的实施。

对项目中的各个参与方划分后，BIM中的成员可以根据自己需要创建任务，并且完成所分配的任务，还可以对每一项任务都创建属于自己的卡片，这里包括活动、附件、沟通内容等信息，BIM成员还可以根据组织的权限在平台中创建代办事项。团队中的成员可以亲自上传各自创建的模型，随时浏览别人的模型，并且发布自己的意见，这样有利于沟通和交流，还可以对涉及的项目及时修改更正。

（三）基于协同平台的流程管理

项目实施过程中，除了让每个项目参与者明晰各自的计划和任务外，还应让其了解整个项目模型建立的状况、协同人员的动态、提出问题及表达建议的途径，从而使项目各参与方能够更好地安排工作进度，实现与其他参与方的高效对接，避免不必要的工期延误。

（四）会议沟通协调

基于协同平台可以使各参与方能够更好地把握各自相应的工作任务，但项目管理实施过程中仍会存在各种问题需要沟通解决，协同平台只能解决项目管理中的部分内容，因此还需要各参与方定期组织会议进行直接沟通协调。协调会议由BIM专职负责人与项目总工每周定期召开BIM例会，会议将由甲方、监理、总包、分包、供应商等各相关单位参会议将生成相应的会议纪要，并根据需要延伸出相应的图纸会审、变更洽商或是深化图纸等施工资料，由专人负责落实。会议应协调以下内容。

（1）进行模型交底，介绍模型的最新建立和维护情况。

（2）通过模型展示，实现对各专业图纸的会审，及时发现图纸问题。

（3）随着工程的进度，提前确定模型深化需求，并进行深化模型的任务派发、模型交付及整合工作，对深化模型确认后出具二维图纸，指导现场施工。

（4）结合施工需求进行技术重难点的BIM辅助解决，包括相关方案的论证、施工进度的4D模拟等，让各参与单位在会议上通过模型对项目有一个更为直观、准确的认识，并在图纸审核、深化模型交底、方案论证的过程中快速解决工程技术重难点。

第五章　装配式建筑中BIM技术应用内容研究

本章节内容主要将装配式BIM在各个阶段中的具体应用做统一介绍，主要包括设计阶段与深化设计、构件生产与物流运输、现场施工与装饰装修、装配式运维阶段四个方面详细阐述。

第一节　装配式BIM技术的应用——设计阶段与深化设计

一、装配式BIM在设计阶段应用

随着科学技术的发展，如今的装配式建筑设计参照与从前也有很大的区别。现浇结构是现在设计的主要参照，依照参照对整体建筑的结构进行选型，再根据已知情况对整体进行结构分析。宏观分析整个工程外，还要具体到每个细节进行相关的节点设计，将所有的构建拆分并进行深化的设计。整个分析过程结束后，会将分析和设计结果送到相关工厂，工厂预制后将制作好的相关构件送到施工场地，并在建筑师的指导下完成构件装配。虽然这种方式是经过长时间建筑经验总结而来的，但实际上，其工作流程复杂，工作过程中的构件预制工作对工厂来说，由于组成太过复杂而难以操作，这样不但会导致整体工作效率降低，而且存在耗时巨大的弊端。除此之外，这种操作严重违背了建筑工业化的概念。由此可见，这种传统的设计理念存在诸多缺陷，若想真正提高整个建筑工程的效率和速度，并且保证质量，就需要对相关设计进行转变。新的设计理念首先要在构建难以预制的角度进行改良，应尽最大可能减少构件的种类，力求用最少的构件类型设计出最多的方案，保证整体建筑的多样化需求。

BIM就很好地实现了对构件类型的限制。在BIM中，有相关的构建数据库，建筑师们可以在设计库中寻找各种构件，这些构件的种类固定，都属于标准统一的存在。这样的设定方式有效地限制了工程中运用构件的种类，巧妙地解决了传统设计中的弊端。当然，BIM为工程带来的不只这一点优势，因为上述的BIM内容直接提供了构件的种类，所以直接节省了工程中需要承担的设计费用，无论从人工成本的角度还是设计时间角度，都很大程度上节约了成本。同时，这也为预制和购买构建方面带了便利和实惠。在设计方面和取材方面，整体工程的构件种类和数量除了设计元素外还可以与制作构建的工厂商讨决定，以工厂可提供的构件范围内进行构件的选择和应用，以此保证工厂和工程建筑两方在工作中保证协调性。从工厂角度讲，工厂可以提前制作许多通用性能强类型的构件，在保证自身生产能力的同时，也为工程建设带来巨大的便利，实现双赢。预制构件库并不是固定的，其应该时时补充构件的类型，其中也包括特殊构件的构件类型。特殊构件类型的添加可以很好地满足一些特殊工程建设的需求。由此可见，BIM在工程建筑中的重要地位和作用。

（一）BIM构件库建立

BIM的构件库并不是一次建立而成。虽然BIM的构件库有一定的基础，但也需要工程建设对其进行的不断运用，并让其持续的增加标准化构件的种类。新的装配式建筑建造过程与传统的建筑建造在步骤上极为相似，两者主要的区别在于是否运用了BIM技术。以下新装配式建筑的建造过程简要罗列：一是将选定好的标准化预制构件或是部品于工厂中生产出来，这个也是新型装配式建筑的典型特征；二是将制作好的构件运输到施工场地；三是在建筑师的指挥下将运输过来的构件按照计划装配在一起成为一个整体。在这过程中，工厂的预制需要应用BIM的构件库，而建筑师们在设计时也需要应用BIM的构件库。在不断应用的过程中，BIM的构件库得以建立并不断发展，从构件规格、种类、数量等多方面进行虚拟构件库的自我补充。

（二）BIM建模与设计

基于BIM的建模设计包括模型建立、模型整合碰撞检查、构件拆分与优化、模型出图。

1. 模型建立

利用软件的建模功能，建立项目BIM模型构件、现浇模型细化到钢筋等深度，机电模型细化到插座等末端深度。如图5-1展示了预制装配式建筑BIM模型。

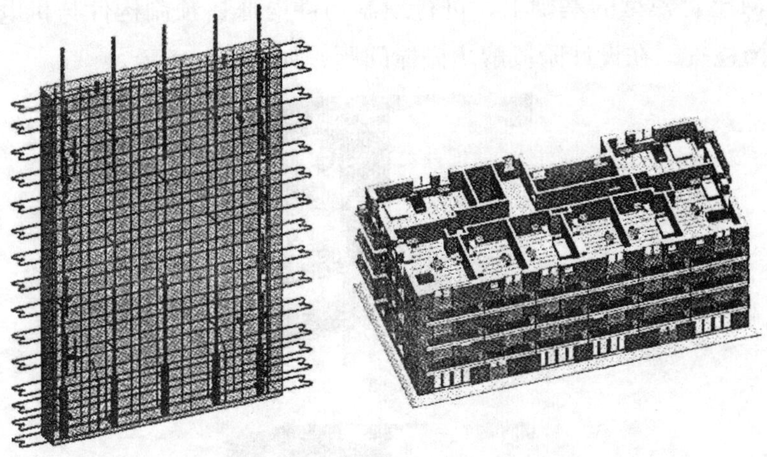

（a）预制构件配筋及构造模型　　（b）标准层拼装模型

图5-1 预制装配式项目BIM模型

2. 模型整合

在各BIM子模型基础上，整合建筑和机电模型形成单层的整合模型及整栋楼的模型如图5-2所示。目前Revit在整合了构件复杂钢筋模型后，存在对电脑性能要求高、构件链接后钢筋碰撞检查难、与构件生产系统的数据传递困难等方面的问题，虽然国内外有部分针对Revit在预制装配式建筑中应用的二次开发工作，但尚未形成普及的商业插件。

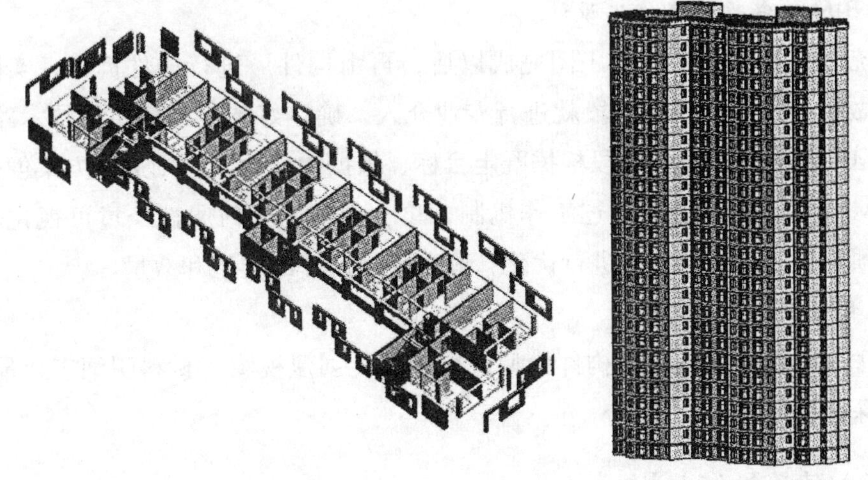

（a）单层整合模型　　（b）标准层整合模型

图5-2 预制装配式项目BIM整合模型

3. 碰撞检查

在BIM整合模型的基础上，进行预制构件内部、预制构件与机电、预制构件之间的碰撞检查，在设计阶段解决碰撞问题，如图5-3所示。

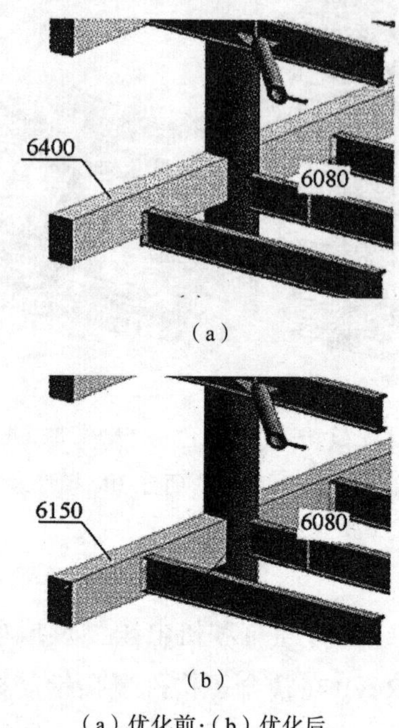

（a）优化前；（b）优化后

图5-3 预制装配式建筑设计中的碰撞

4. BIM构件拆分及优化设计

传统方式下大多是在施工图完成以后，再由构件厂进行构件拆分，实际上，正确的做法是在前期策划阶段就进行专业介入，确定好装配式建筑的技术路线和产业化目标，在方案设计阶段根据既定目标、依据构件拆分原则进行方案创作。

BIM技术有助于建立上述工作机制，单个外墙的几何属性经过可视化分析，可以对预制外墙的类型数量进行优化，减少预制构件的类型和数量。

5. 构件出图

在碰撞检查完成后，对构件模型进行调整，创建视图、材料明细表，最终生成构件深化设计图纸。

（三）建筑性能分析

可利用BIM模型的参数化特征，建立计算模型进行建筑性能分析，主要包括如下几方面。

（1）自然采光模拟。对自然采光的判断需要结合多种因素，建筑设计师们对采光的房屋布局设计是一方面，另一方面在于建筑修建运用的材料，如饰面材料、围栏结构等。材料的透光度是采光设计中极为重要的因素。经过建筑师们的一系列设计后，建筑内部的采光度也会得到很好的调整，这也间接保证了该建筑的价值和实用度。

（2）室外风环境模拟。改善住区建筑周边人行区域的舒适性，通过调整规划方案建筑布局、景观绿化布置，改善住区流场分布、减小涡流和滞风现象，提高住区环境质量；分析在大风环境下，哪些区域可能因狭管效应引发安全隐患等。

（3）建筑环境噪声模拟分析。计算机声环境模拟的优势在于，建立几何模型之后，能够在短时间内通过材质的变化、房间内部装修的变化，来预测建筑的声学质量，以及对建筑声学改造方案进行可行性预测。

（4）小区热环境模拟分析。模拟分析住宅区的热岛效应，采用合理优化建筑单体设计、群体布局和加强绿化等方式削弱热岛效应。

（5）室内自然通风模拟。分析相关设计方案，通过调整通风口位置、尺寸、建筑布局等改善室内流场分布情况，并引导室内气流组织有效的通风换气，改善室内舒适情况。

（四）经济算量分析

按照装配式建筑的组成及计价原则分为预制构件部分和现浇构件部分。结合装配式建筑的特点，可基于BIM模型对预制构件与现浇构件行分类统计，通过分类统计可以快速比较选定设计方案，实现在方案策划阶段对成本的初步控制。需要开发专门的装配式建筑工程量计算软件。

二、装配式BIM在深化设计中的应用

传统结构设计以二维施工图纸作为交付成果，各专业的图纸汇总时不免会发生碰撞等问题。BIM应用中的碰撞检查能够出具碰撞报告，报告给出BIM模型中各种构件碰撞的详细位置、数量和类型，设计人员根据碰撞报告修改相应的BIM模型，使BIM模型更加优化，深化设计是调整优化BIM模型的一种重要方式，BIM技术在深化设计阶段的应用包括：构件深化设计、钢筋及与预埋件碰撞检查、专

业间碰撞检查，基于模型协同与沟通、设计优化、校核出图。

（一）基于模型的深化设计

在确定了各专业的设计意图并明确了大的设计原则之后，深化设计人员就可利用BIM软件，如Revit等，建立详尽的预制构件BIM模型，模型包含钢筋，线盒、管线、孔洞和各种预埋件。建立模型的过程中不仅要尊重最初方案和二维施工图的设计意图，符合各专业技术规范的要求，还要随时注意各专业、施工单位、构件厂间协同和沟通，考虑到实际安装和施工的需要。如线盒，管线、孔洞的位置，钢筋的碰撞，施工的先后次序，施工时人员和工具的操作空间等，建成后的预制构件BIM模型可以在协同设计平台上拼装成整体结构模型。

（二）钢筋与预埋碰撞检查

以Revit软件为例，将拼好的结构Revit整体模型导出到Navisworks软件中，添加碰撞测试，根据需求设置碰撞忽略规则，修改碰撞类型以及碰撞参数等，选择碰撞对象，然后运行碰撞检查。最后对检查出的碰撞进行复核。

（三）专业间碰撞检查

将各专业模型整合到Navisworks后，添加各专业间的碰撞测试，如建筑模型和暖通。设置碰撞忽略规则，修改碰撞类型以及碰撞参数等、选择碰撞对象，然后运行碰撞检查。最后对检查出的碰撞进行复核，并返回Revit软件修改模型。

（四）基于模型协同与沟通

将整合好的各专业模型及图纸文档上传到BIM协同云平台，以Revizto云平台为例，在协同平台上可以进行漫游、查看、测量、隐藏、半显、剖切模型构件等操作，供项目参与人员进行实时异地协同审图及交流沟通，如查看构件属性、图纸审核、文档批注等。还可以将构件的扩展属性与构件的加工、运输和安装的进度状态关联起来，通过对构件的颜色或亮显等属性设置，使项目参与人员实时、直观地掌握工程的进度情况，跟踪并提前处理好设计施工问题，为项目节省成本。

（五）调整优化设计

根据碰撞检查报告及校对、审核的修改批注，在Revit中对当前模型进行修改调整，逐步优化设计，并将优化后的模型数据上传到协同设计平台。

（六）校核出图

经过初步校对、审核以及碰撞检查后，在Rvit中创建相应图纸，如平面图、立面图、剖面图等，在二维图纸中再次进行图纸校核，校核完成后，可生成CAD或PDF图纸。

第二节　装配式BIM技术的应用——构件生产与物流运输

一、装配式BIM在构件生产中的应用

随着越来越多的企业开始重视建筑工业化的转型，一些PC构件的生产加工工厂也纷纷建立起来，但现阶段，所有的工厂都有面临着以下的问题。

1. 对于产品种类的不确定性导致工厂规划的不科学性

对于预制工厂在建立前的产品种类选型与定位，必须要对市场需求有一个清楚的认识，以满足市场需求为前提才是生存下去的硬道理。提前对产品的近期需求与中远期需求进行总体规划，实现符合市场的产品，才能保证其经济性与科学性。

2. 仅实现工厂化，未实现机械化

达到工厂化的制造方式并不困难，可以简单地理解为将工地的工作搬到工厂车间内去完成，改变了工作场地，改善了工作环境，但是并没有提高太多的生产效率，工厂内依旧实行粗放生产依然还是人海战术进行作业，对于产品质量无法很好控制。

3. 仅实现机械化，未实现自动化

在预制件的工厂化生产中引入机械化的方法后，提高了工作效率，减少了不良品的出现频率。但是在整个生产流程中都是以工作站点的形式存在，各个站点之间交流不便，协同困难，对于管理方面造成很多不便，同时也不利于工艺技术的革新。

4. 仅实现自动化，未实现集团管理信息现代化

预制件自动化的流水线在如今已经逐渐被各家PC工厂所引进和使用，其特点是占地面积相对较少、能够达到较高的产能，同时人工数量也大幅度减少，对于

质量控制、安全管理等方面都有很好的表现。但是在集团跨区域统筹管理多个PC工厂时，存在的诸多问题也正是当前各大型集团公司所面临的亟须解决的问题。

而且，以上问题的描述也是信息化管理发展过程中的不同阶段，即信息技术的使用度问题。现阶段大部分构件生产停留在工厂化和局部机械化的阶段，信息技术使用匮乏，因此效率很低，质量管理无法大规模管控。

对于管理PC构件生产的全流程，是大的BIM项目流程中的一个部分，是PC构件模型的信息以及流程过程中的管理信息交织的过程，是有效进行质量、进度、成本以及安全管理的支撑，利用BIM在项目管理中独特的优势，贴合预制构件特有的生产模式，可极大提高预制构件的生产效率，有效保证预制构件的质量、规格。BIM在预制构件生产中的应用主要包括：构件加工图设计、构件加工指导、通过CAM实现预制构件的数字化制造等方面。

（一）构件加工图设计

通过BIM模型对建筑构件的信息化表达，构件加工图在BIM模型上直接完成和生产，不仅能清楚表达传统图纸的二维关系，而且对于复杂空间剖面关系也可以清楚表达，同时还能将离散的二维图纸信息集中到一个模型当中，这样的模型能够紧密地实现与预制工厂的协同和对接。

（二）构件生产指导

在生产加工过程中，BIM信息化技术可以直观地表达构件空间关系和各项参数，能自动生成构件下料单、派工单、模具规格参数等，并且通过可视化的直观表达帮助工人更好地理解设计意图，可以形成BIM生产模拟动画、流程图、说明图等辅助材料，有助于提高工人生产的准确性和质量效率。

（三）通过CAM实现预制构件的数字化制造

将BIM模型构件的信息数据输入设备，就可以实现机械的自动化生产，这种数字化建造的方式可以大大提高工作效率和生产质量。例如现在已经实现了钢筋网片的商品化生产，如果能打通设计信息模型和工厂自动化生产线之间的协同瓶颈，实现CAM指日可待。装配式建筑与现浇建筑相比，预制加工阶段在工厂内实现，此阶段也是RFID标签置入的阶段，将RFID和BIM配合应用，使用RFID进行施工进度的信息采集工作，即时将信息传递给BIM模型，进而在BIM模型中表现实际与计划的偏差，从而实现预制加工管理的实时跟踪，基于BIM和物联网技术集成应用的预制加工管理平台操作流程分为浇筑前、浇筑、入库和出厂四个阶段。以下针对每个阶段进行操作流程说明。

1．浇筑前

首先，工人按照深化图纸绑扎钢筋笼，钢筋吊装入模后，安装好预埋件、预埋管线及预留洞槽。然后，在混凝土浇筑前，在预制构件钢筋上安装RFID标签。

2．混凝土浇筑

①操作工：混凝土浇筑前，点击RFID读写器“浇筑”按钮，在RFID读写器上输入相关构件信息（编号、层数、单位、流水号等），然后读取RFID标签，保存当前工序数据；②质检员：混凝土浇筑前，点击RFID读写“质检”按钮，使用RFID读写器读取RFID标签，然后输入该构件的质检结果，保存当前工序数据。检查合格后，浇筑混凝土，上传数据到RFID基于Web的数据库系统。

3．入库

预制构件养护、脱模完成后，进行成品检验，合格后，点击RFID读写器“入库”按钮，使用RFID读写器读取RFID标签，保存当前工序数据。预制构件入库后，上传数据到RFID基于Web的数据库系统。

4．出库

出厂前，单击RFID读写器“出库”，使用RFID读写器读取RFID标签，保存数据，预制构件出厂后，上传数据到RFID基于Web的数据库系统。

二、装配式BIM在物流运输中的应用

可采用RFID技术对构件的出厂、运输、进场和安装进行追踪监控，并以无线网络即时传递信息，信息以设置好的方式在云平台上的BIM模型中进行响应，以此对构件施工实施质量、进度追踪管理。互联网与BIM相结合的优点在于信息准确丰富，传递速度快，减少人工录入信息可能造成的错误。基于互联网的预制装配式建筑施工管理平台通过RFID技术、GIS技术实现预制构件出厂、运输、进场和安装的信息采集和跟踪，并通过互联网与云平台上的BIM模型进行实时信息传递，项目参与各方可以通过基于互联网的施工管理平台直观地掌握预制构件的物流和安装进度信息。基于互联网的预制装配式建筑施工管理平台的搭建包括4个管理流程，依次对预制构件出厂、运输、进场、吊装所有环节进行跟踪管理。

（一）出厂管理

出厂环节，通过条码扫描对车辆进行识别，由出厂管理员完成车辆信息的录入，包括车牌号、司机信息等信息，确认车辆信息后，对准备出厂的预制构件进行扫描确认，自动完成预制构件与车辆的关联及出厂登记。

（二）运输管理

GPS定位模块实时对运输车辆位置进行跟踪，运输途中可随时对车辆位置、车辆信息及所载预制构件信息进行查询。

（三）进场管理

进入施工现场时，通过条码扫描获取车辆信息，由进场管理员进行核实车辆信息，验证通过后对车载的预制构件进行扫描，自动完成进场登记，进场扫描结束，系统会自动对车载构件进行清点，如有未入场或缺失预制构件，系统会给出提示，继续进行进场扫描，直到车载的构件全部进场登记。

（四）吊装管理

在预制件吊装过程中，通过RFID扫描获取构件信息包括预制构件安装位置及要求等属性，吊装完成后由吊装管理员进行质量检查，并将结果上传服务器永久保存。

综上所述，该系统完成了预制构件从出厂、运输、进场、吊装全过程的质量跟踪，预制构件的属性存放于远程服务器，基于移动互联网，在对应的权限下，可以随时对构件的质量信息进行溯源查询。

第三节 装配式BIM技术的应用——现场施工与装饰装修

一、装配式BIM在现场施工中的应用

与传统现浇式建筑相比，装配式建筑需要在工厂生产预制构件，因此构件的

生产制造须纳入全生命周期管理范围内。

（一）施工现场组织及工序模拟

将施工进度计划与BIM信息模型相关构件进行关联，将空间信息与时间信息整合在一个可视的4D模型中，就可以直观、准确地反映整个建筑的施工过程。

（二）施工模拟碰撞检测

通过碰撞检测分析，可以对传统二维模式下不易察觉的错漏碰缺进行收集更正。如预制构件内部各组成部分的碰撞检测，地暖管与电器管线潜在的交错等碰撞问题专业内检查出的构件碰撞。

（三）复杂节点施工模拟

通过施工模拟对复杂部位和关键施工节点进行提前预演，增加工人对施工环境和施工措施的熟悉度，提高施工效率。

二、装配式BIM在装饰装修中的应用

（一）装修部品产品库的建设

土建装修一体化作为工业化的生产方式可以促进全过程的生产效率提高，装修阶段的标准化设计可形成装修的BIM构件库，提高设计效率，指导方案设计。并基于构件库形成真实供应商的产品模型库，实现商业模式创新。

（二）可视化装修设计

通过可视化的便利进行室内渲染，可以保证室内的空间品质，帮助设计师进行精细化和优化设计。整体卫浴等统一部品的BIM设计、模拟安装，可以实现设计优化、成本统计、安装指导。

（三）产品信息集成应用

对装修需要定制的部品和家具，可以在方案阶段就与生产厂家对接，实现家具的工厂批量化生产，同时预留好土建接口，按照模块化集成的原则确保其模数

协调、机电支撑系统协调及整体协调。

（四）装配式装修

装修设计工作应在建筑设计时同期开展，将居室空间分解为几个功能区域，每个区域视为一个相对独立的功能模块，如厨房模块卫生间模块，由装修方设计几套模块化的布局方案，建筑设计时可直接套用。

第四节　装配式BIM技术的应用——装配式运维阶段

在装配式建筑及设备维护方面，运维管理人员可直接从BIM模型调取预制构件及设备的相关信息，提高维修的效率及水平，运维人员利用预制构件的RFID标签（射频识别，Radio Frequency Identification，RFID）技术，又称无线射频识别，是一种通信技术，可通过无线电信号识别特定目标并读写相关数据，而无须识别系统与特定目标之间建立机械或光学接触，获取保存其中的构件质量信息，也可取得生产工人、运输者、安装工人及施工人员等相关信息，实现装配式建筑质量可追溯，明确责任归属利用预制构件中预埋的RFID标签，对装配式建筑的整个使用过程能耗进行有效的监控、检测和分析从而在BIM模型中准确定位高能耗部位，并采取合适的办法进行处理，从而实现装配式建筑的绿色运维管理。

一、空间管理

空间管理是针对建筑空间的全面管理，有效的空间管理不仅可提高空间和相关资产的实际利用率，而且还能对在空间中工作、生活的人有着激发生产力满足精神需求等积极影响。通过对空间特点、用途进行规划分析，BIM技术可帮助合理整合现有的空间，实现工作场所的最大化利用。采用BIM技术，可以更好地满足装配式建筑在空间管理方面的各种分析和需求，更快捷地响应企业内部各部门对空间分配的请求，同时可高效地进行日常相关事务的处理，准确计算空间相关成本，然后通过合理的成本分摊、去除非必要支出等方式，有效地降低运营成本，同时能够促进企业各部门控制非经营性成本，提高运营阶段的收益。

BIM技术应用于空间管理中具有以下几点优势。

（一）实现空间合理分配、规划，提高空间利用率

公共建筑不同于私人住宅，不是用来进行日常活动的场所，而是从事社会活动的场所，如政治、经济、文化等。因此，在进行空间规划时，要更加注重空间需求的差异。不同用途的公共建筑，对空间也有着不同的需求，根据这些需求进行设计，才能保证空间分配的合理性，规划出能够保证最大利用率的空间设计方案。在现实中，一直以来，在进行空间管理的时候，存在着较大的误差与不足，造成这一现象主要是因为在空间的精细化需要没有得到满足，在过去的空间管理上仅仅做到根据功能进行初步分区，将空间碎片化，每一个区域对应着一种功能。但是，这种方法是存在缺陷的，在管理上过于笼统与粗放，缺少细节性的思考，导致建筑之间在空间上产生的覆盖与冲突。而基于BIM技术的空间管理，能够有效地解决这一问题。

基于BIM技术的空间管理能够按照功能需求的差异进行空间精细化布局，减少空间之间的冲突，避免出现空间覆盖，实现空间最大化利用，最大程度的减小空间浪费。它能够自主判断空间之间的联系以及契合度，根据需求及功能进行合理化组合，制定出更加完善的空间规划计划，同时在BIM模型的基础上，运用数据库智能系统，实现空间的可视化追踪，随时了解空间的使用状况，收集并整理空间的有关信息。

另外，为了保证空间的最大化利用，减少空间浪费，还可以结合其他参考信息，如成本分摊比率、配套设施等，进行综合分析及考虑，利用预定空间模块，实现空间的充分利用。这种空间管理不是死板的、静态的，而是能够实时观察到空间的动态情况的，在提高空间的利用率的同时，能够将运营成本进行平摊，进一步提高空间运营所能带的收益。

（二）管理租赁信息，预测收益发展趋势，提高投资回报率

通过上文可知，基于BIM技术的空间管理，可以实现可视化管理。以功能分区或是楼层为单位，将不同空间的经济状况、收益与成本等相关因素实行统一的管理，对其进行整理与分析，了解不动产的财务变化的周期，预估其未来收益的发展趋势。通过这种方式能够有效的降低空间的投资风险，获得最高的投资回报率。

（三）分析报表需求

BIM模型为报表数据的采集及分析提供了很重要的帮助。管理者在进行判断与决策时，需要参考大量数据报表，进行综合分析，内外部日常运行也需要大量的报表，例如成本分摊比例表、成本分析表、人均标准占用面积等。此类信息若运用传统手段，报表信息收集的过程繁琐、复杂而缓慢，没有工作效率，而报表的信息还要具有实时性，不能长时间不进行跟进、更新。而BIM模型能够为报表提供最准确的数据，并且减短了时间的损耗，因为模块能够对空间进行全方位的管控，其中关于空间面积、使用状况以及其他诸多信息，必须进行实时更新，保证信息的时效性，而这对于报表的信息获取提供了极大的便利，满足了分析报表的需求。

二、设备管理

装配式建筑在正式步入运转阶段后，运营维护管理就成为了日常工作中的重点，运营维护工作的主要作用就是保障建筑顺利运转，避免建筑处于瘫痪状态，而在运营维护工作中，设备管理是最为基本也是最为重要的工作之一。设备管理，通过字面理解就是对建筑内的设备进行管理，具体工作就是延长设备的工作寿命、保障设备的正常运行、保证设备的工作状态、激发设备的最大价值。设备是维持建筑正常运转的基础，而设备中任何一个环节出现问题都有可能造成严重的后果。尤其是当下随着技术的发展，智能建筑如雨后春笋般出现，逐渐占据着主流市场，伴随着智能建筑的出现及普及，设备在建筑运转中占据着越来越重要的位置，而设备管理的重要性也得到进一步凸显。

而随着智能建筑的增多，设备管理不仅重要性得以增加，工作量与成本方面也与日俱增。智能建筑意味着设备增多，而且这些设备的使用、安装及维修更为高科技及复杂，因此，在安装之后，设备的安装图纸、使用手册等基本信息必须进行保留，才能在维修时做到有据可依。在进行信息储存时，传统手段存在着种种弊端，易于丢失、查阅时间长、信息不全、目标信息提取不便等。而将BIM技术运用到设备管理中，能够方便信息的查阅，它可以将相关的有效信息全部储存在系统中，在需要时随时调取，避免丢失的风险，同时它还可以针对管理者及维修人员的需求精准地调取相关信息。另外，通过对监控设备的运行管理，能够捕捉到设备的隐患，做到防患于未然，提前杜绝问题出现的可能，减少在维修活动中投入的时间与资金，降低维修费用，减少经济损失。

（一）设备信息查询与定位识别

设备从出厂开始就携带着代表自身的信息，其中最基本的就是它的外在特征，例如：设备的型号，这直接能够代表着设备的类型、用途、出厂日期等信息，因此型号是设备选择中比较重要的基本信息；设备的重量直接关系到其用材及使用寿命等；购买时间，能够了解设备已经使用的时间，理智判断维修的价值，合理选择维修或替换等。除此之外，设备还有很多附带信息，例如：设备的设计安装图纸，在维修时可参考图纸进行拆卸及再次安装；操作手册，帮助人们正确使用设备，延长设备的使用寿命；维修记录，判断设备的维修价值等。这些信息部分是纯文字、非图形的信息，部分是图形信息，为便于保存与调取，可以选择利用基于BIM技术的设备管理系统进行保存。首先，利用人工输入或机器扫描等方式，将需要储存的信息导入至建筑信息模型中，设备管理系统会根据信息的特征及联系，对信息进行分类及串联，将基本信息与关联信息连接在一起，在将其与所对应的设备连接在一起，最后连接为一个循环的、封闭的信息环，如图5-4所示。在使用或维修时，相关人员若想调取某台设备的信息，在系统中，找到该设备，即可直接获取其对应的相关信息。反而言之，在系统中搜索某信息，即可快速锁定其对应的设备以及控制它的上游设备。这种信息的储存方式，可以快速提取需要的相关信息，节省了在搜寻资料时浪费的时间，使信息发挥最大的功用。

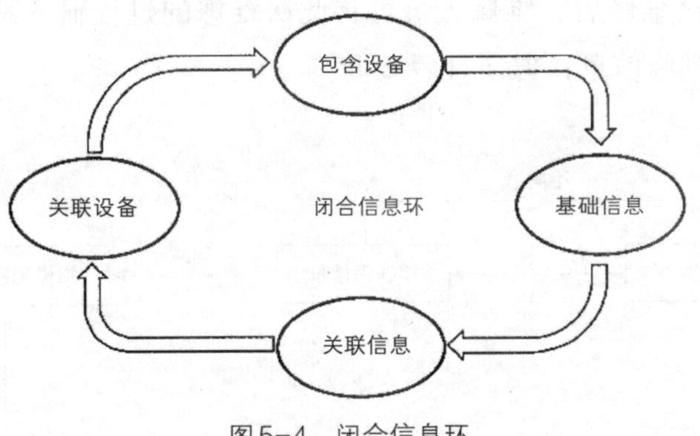

图5-4　闭合信息环

BIM技术在查询信息及设备方面，还可以合理运用RFID技术（无线射识别技术），通过二者的结合，能够做到最便利的设备定位与信息提取。首先，通过RFID技术对全部设备进行标记，形成一个独一无二的RFID标签。之后，在将标签输入至BIM模型中，使其依附在对应的设备上。在进行设备定位时，只需携带RFID阅读器，进入目标区域内，进行区域扫描，阅读器就能捕捉到区域内存在的电子标签，并将其精准定位。在将设备定位后，找到设备，通过对其机身上的二维码进行扫描，就可在移动终端中调取其对应的相关信息。这样，避免了维修管理人员盲目地进行设备查找，也不必携带大量的纸质文件，使运维信息管理真正的实现电子化。

（二）设备维护与报修

以BIM为基础的设备运维管理系统为设备的维修带来了切实的便利。首先，在设备的维护方面，一改以往“产生故障—解决故障”的程序。在这一系统中，运维人员可以提前输入自己制订的、合理的维护计划，并且通过系统定期提醒运维人员执行这一维护计划，在维护后在将维护记录输入值系统中，即为完成了一次维护工作。这一模式使运维工作不局限于设备出现问题之后，可以提前检查设备的情况，及时对设备进行维护与调整。同时，它既避免了设备突发障碍为用户带来的不便，另外因为提前维护，自然减少了需要更换的报废零件，提高了零件的使用寿命，也降低了维修产生的费用。

一旦发生设备故障，就需要进行报修的过程（图5-5）。在设备故障产生后，维修人员确定情况，判断需要进行维修时，首先需要用户进行报修单的填写，在提交报修单并获得负责人的批准后，维修人员按照报修的项目进行维修工作。在维修的过程中，如需要进行零件的更换，可以直接在系统中进入备品库，调取该零件。在完成一次维修后，维修人员可将此次维修的过程输入系统，编辑为维修日志，作为设备维修信息，方便日后查询。

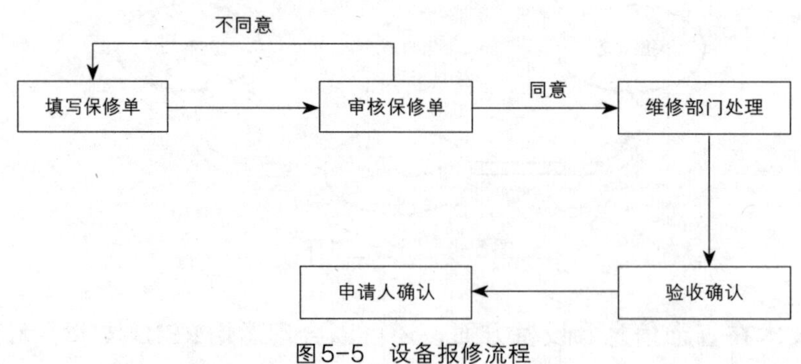

图5-5　设备报修流程

三、资产管理

房屋建筑以及建筑中的机电设备等不仅是业主私人的资产，也是其进一步获得利益，积累财富的根基。所以，对相关的资产进行合理的管理，可以促进资产最大程度的转化为利益。通过资产管理能够减少资产闲置情况的产生，降低支出，最大程度地防止资产发生流失。

基于BIM技术的资产管理是近些年比较受到大众青睐的资产管理方式了。它能够将资产的信息分门别类地进行保管与储存，并与相关的建筑在模型内形成相应的管理关系。同时，3D可视化功能的存在，能够将资产的使用状况，以及实时的运行情况完整地呈现在运维人员的面前，便于其掌握与分析，帮助其进行日常的维护。另外，对于资产的监控能够便于运维人员对资产的快速定位，最大程度地避免设备故障为业主带去的资源流失。

基于BIM技术的资产管理在对信息的处理及更新方面有着自身的优势。关于资产的信息是需要进行分类保存的，并且资产进行信息不是一个固定的信息，是会随时发生变化的，其中涉及大量的信息储存、更新、整理、计算、分析、总结等工作。这些工作是繁琐而复杂的，但是资产管理系统能够准确、快速地完成这一系列的工作。

除此之外，资产管理系统还可以对固定资产的变化进行记录，业主的固定资产随时可能发生变化，无论是增加还是减少，资产是被转移还是借用，借用后是否归，这些信息都是需要及时的处理，并详细地记录在案的，资产管理系统能够对这些工作第一时间进行处理及记录，并及时对BIM数据库中的信息进行实时的更新；资产管理系统可以对资产的损耗折旧进行及时的统计及整理，包括整理计提资产的月折旧数额，将月折旧的报表进行打印，并且将相应的信息进行系统储存及备份，整理相关的数据，为采购人员安排采购计划提供依据；资产评估系统可以对资产进行汇总与核对，盘点现有资产，并将其与BIM数据库中的资产数据进行比对，掌握当下的资产情况，并可以根据比对结果制作盘盈/盘亏明细表、盘点汇总报表等。管理人员只需掌握系统就可以完成对报表的管理、分析工作，并且能够对资产的情况进行整体的评估，对未来一段时间内的资产走向进行预判，为业主进行资产使用提供依据。当资产得到合理的利用，闲置情况就会得到最大程度的解决，从而提升资产的投资效率。

四、物业管理

现代建筑业对于信息的存储主要依靠于二维图纸，通过观察可以发现，无论是电子版本还是机电设备的操作说明中，都存在二维图纸。但是二维图纸的弊端也是极为明显的：首先，它是一种抽象表达；其次，它的信息并不完整；最后，设备或信息之间不存在关联关系。所以，在使用二维图纸时，主要还是依靠相关人员自主寻找信息，并根据自己的了解决定对建筑物实施相应的动作。这一过程，不仅耗时耗力，更重要的是存在极高的风险性和不确定性。一旦发生失误，或没能及时作出动作将造成不可估量的后果。例如，在装修时，对电缆信息了解不全，导致没能合理避开电缆，造成电缆断裂；在水管破裂时，没能及时找到最近的阀门，导致建筑渗漏；电梯的部件损害没能及时发现，老旧的零件没能及时更换，导致电梯在运行期间发生坠落；发生火灾时，不能准确找到灭火装置，或者未能及时疏散建筑内人员，造成财产损失及人员伤亡等。诸如此类的事件，屡见不鲜。

因此，在物业管理中，应在BIM技术的基础上，联合其他技术进行统一管理，使物业管理呈现模型、图纸、数据一体化的局面。例如，业主本身可以及时了解建筑的运营健康的标准，就可以在运维工作中及时提醒相关人员进行运维工作，对相关情况进行及时的记录，反应至运维部门，或监督运维部门执行运维计划。

五、灾害应急处理

所谓天灾人祸，人祸还可以通过有效的控制得以避免，而天灾则是无法有效的预估及避免的。因此，面对灾害，人们往往是无助的，能够做的就是做好灾害应急处理工作，将灾害所造成的损失降至最低。装配式建筑，作为社会活动的主要举办场地，大部分政治、经济、文化福利活动都在此类场所中进行，因此这也说明此地的人流量注定是庞大的。而一旦发生诸如地震、火灾等灾害，人们的反应是惊慌的，若出现场面混乱，无法及时撤离或反应滞后，没能及时应对的现象，所造成的人员、财产的伤亡与损失将是不可估量，也是人们难以承受的。所以，建筑的运维工作中，灾害应急处理工作的重要性不言而喻。传统的灾害应急管理能够做到的在发生灾害后及时开始救援工作，以及在灾后做好恢复工作，但是这些工作都是在灾难已经发生，并且损失已经造成后才进行的，属于后期的处理工作。而基于BIM技术的灾害应急管理不仅能够完成传统模式中的两项工作，还能兼顾平时的预防工作及灾害发生前期的应急工作。例如，在没有发生灾害时，能够模拟灾害环境，组织相关人员进行灾害撤离演习，使建筑内人员在面对灾难时拥有一定的保护自己的知识与技巧，能够有效的降低慌乱情绪的蔓延以及踩踏事件的发生。另外，系统在灾害发生初期能够及时地发出警报，为灾害应急工作争取更多的时间。在面对灾害时，提前一秒应急，可能就意味着多一个人获救，经济损失将低一分。

（一）灾害应急救援和灾后恢复

当发生火灾等灾害时，BIM系统能够及时对灾害发生的位置及波及范围进行定位，并将其通过三维可视化技术呈现出来，便于救援人员及时了解灾害区域的情况，从而迅速制定营救计划。另外，BIM系统也能够指导、帮助被困人员展开自救行动，救援人员可以为被困人员制定相应的最佳疏散路线，通过三维可视化技术传输给被困人员，双方共同努力，将救援时间尽可能缩短，最大程度保证人员的生命安全。

在灾后恢复工作期间，BIM数据库中储存了建筑完整的信息，这对于管理人员制定恢复计划是极为有利的。同时也方便工作人员进行受灾损失的统计，以此为基础，更好的完成灾后遗失资产核对工作，以及灾后赔偿工作。

（二）灾害应急模拟及处理

面对灾害的发生，最重要的两项工作就是灾情的控制及消灭，人员的撤离。在面对火灾时，消防系统的完备是控制灾情，降低损失的重点。所以，在没有灾情发生的时候，BIM系统也会做好消防设备的定位与维护工作，确保火灾时，人们能够及时获取消防设备的位置，及时拿到消防设备，也保证消火栓、灭火器等设备随时能够使用，但也不排除消防设备会出现故障的情况。另外，对于人员撤离来说，主要面对两个问题，一是应急管理出现漏洞，应急预案无法实施，二是人员没有撤离经验，心态恐慌，易发生踩踏事件等突发事件，耽误撤离。BIM数据库内保存着建筑的详细信息，结合设备管理系统等子系统，对灾害撤离活动进行模拟，一方面查找应急管理中的缺陷进行弥补，制定出最合理的应急预案；另一方面，也能够增加人员撤离的经验，最大程度避免突发情况的发生。

现阶段，大部分灾害虽然都无法提前做出预警，但是越早发现灾害的发生，越早进行应急处理，越能减少人员伤亡及经济损失。而BIM系统就能够做到，在灾害发生的第一时间，自动开启报警功能，向建筑内的人员进行示警，给予人们更多的反应时间。对于可以控制、消灭的灾情，及时的示警，能够使管理人员及时作出反应，第一时间运用BIM系统做出应对。例如，面对火灾可以第一时间将该区域内电源断开，避免火灾引发爆炸，另外及时打开喷淋消防系统、关闭防火调节阀等。在面对水管爆裂时，管理人员能够快速找到事故发生现场，关闭最近水阀，控制灾情。同时打开大门，组织人员撤离。

第六章　装配式建筑中应用BIM技术的现实意义探索

本章首先从装配式设计阶段、预制构件生产阶段、施工阶段、运维阶应用BIM技术有哪些优势，能为装配式项目管理创造什么价值，以及开展项目管理中的BIM技术应用等做了介绍；最后以实际的装配式BIM技术应用案例，来向读者介绍整个项目的实施应用情况。

第一节　装配式建筑设计阶段应用BIM技术的意义

一、提高装配式建筑设计效率

装配式建筑设计过程中，对BIM技术所构建的设计平台要充分利用，设计人员之间要默契配合，使构件得到更好的设计。BIM技术下，装配式建筑设计中的相关人员，在设计消息的传递上能够更有效率。因此，如果需要对设计方案进行修改，BIM技术可使修改同步进行。BIM技术与“云端”技术，设计人员可以将BIM技术中相关的信息上传到设计平台中，这样在上传的过程中，就会产生碰撞，由于BIM技术平台能够自行纠错，于是可以将不同专业之间的设计冲突筛选出来，这对于设计人员及时发现设计中的问题来说，是非常有帮助的。装配式建筑中，预制构件的种类与样式非常多，出图量大，通过BIM技术的“协同”设计功能，某一专业设计人员修改的设计参数能够同步、无误地被其他专业设计人员调用，方便配套专业设计人员进行设计方案的调整，节省各专业设计人员由于设计方案调整所耗费的时间和精力。

另外，在管理与修改权限上，装配式建筑专业设计人员、构件拆分设计人员以及相关的技术和管理人员得到的是完全不同的，这样做是为了使更多的技术与管理人员能够共同为装配式建筑设计出一份力，并利用自己的专业提出相关的指导建议，这对设计效率的提高有着非常重要的作用。

二、实现装配式预制构件的标准化设计

标准化的出现，是社会生产力提高的产物，在社会生产力不断提高的过程中，为了使生产建造效率得到提升，降低成本，提高产品质量，就必须将标准化的原则贯彻到底，标准化设计下的产品有两个明显的特点，分别是系列化和通用化。为了使建筑产品能够更多样化，装配式结构的标准化设计必然通过分解和集合技术，形成满足一定多样性的建筑产品。

标准化设计这种是装配式结构设计的核心，它在整个项目的实施过程中贯穿整个设计生产、施工安装。在住宅构件的设计和住宅体系建筑的设计中也逐渐使得标准化占有很大的比例，标准化设计将会成为装配式结构设计的主流发展趋势。但是，在标准化设计进行时，有很多的规矩需要遵守，首先要注意模数化设计，因为模数化设计在建筑设计时需要所有的模数数列都要满足建筑的要求。使用模数化设计还可以统一建筑的尺寸，帮助工业展开大规模的生产，可以使不同的结构形式和不同的建筑材料具有通用性。但是根据我国的基本国情，国内的装配结构技术和结构体系有很多，装配式结构设计的标准化概念不是很强，由于标准化设计在建筑时会损失很大一部分的成本，有些工程就没有对它上心，只是需要标准设计时才会使用标准设计。

三、降低装配式建筑的设计误差

BIM技术可以降低房屋装配设置中的误差，还可以对房屋设计中涉及的重要参数精准设计，这些参数有内部钢筋直径、钢筋保护层厚度、间距等，BIM技术不仅可以设计它们，还可以将它们进行定位。

使用BIM技术中的三维视图，设计人员可以清楚地看到预制构件之间的任何关系，还有它们之间的契合度如何，还可以使用BIM技术中的碰撞检测功能，对预制构件中连接节点的分析，并且排除构件中存在的安装冲突。这样可以减少在设计中对资源的浪费及安装中出现设计不合格的构件，也可以及时处理，降低预制安装使用的误差，这项技术有利于建筑设计节省材料，有利于调整设计中的误差。设计人员可以在预制装配中使用BIM技术，这项技术会使设计更加精细化，减少装配中和施工时造成的偏差。

四、调整进展与计划

经过对PC预制构件的拆分，获取有关信息为PC构件出产供给准确的信息，在BIM型中可将构件从出产、运输到吊装等进程与相对应的时间尺度有关联，对PC构件吊装计划进行三维动态模仿。再将BIM模型与项目进展计划相关联，可完成项目5D层面的使用。也可将计划与实际进展进行比照剖析，以完成对项目进展的操控与优化。BIM能够处理预制装配式修建对构件吊装的高要求下模仿施工现场环境提早规划起重机方位及途径，有助于确保工人的出产准确度，并能直接影响施工装置的精确度，最终达到验证优化、调整、优选施工计划的目的。

第二节　预制构件生产阶段应用BIM技术的意义

一、优化整合预制构件生产流程

装配式建筑的首要环节是预制构件的生产阶段，这一环节也是建筑中至关重要，它不仅是建筑中需要的构件，还会是施工中重要的构件，它的配置直接影响建筑的水平和质量。为了保障预制构件的质量，预制构件的生产商可以直接在BIM技术的信息平台中获取对应的构件尺寸和材质等一些需要的信息。然后在设置预制构件的生产过程，从而开展生产工作，还可以及时将信息反馈给BIM技术的信息平台，建筑师也会及时了解构件的生产情况，有利于施工前做好充足的准备工作，有利于预制装配的顺利开张，避免施工中出现的浪费资源，出现偏差的情况。还有就是为了保证预制构件的加工信息精确，构件的生产厂家可以直接从BIM技术的信息平台中调取预制构件的几何尺寸，并制订出相应的生产计划，与此同时，向施工单位传送生产进度。

为了保证预制构件的质量和建立装配式建筑质量可追溯机制，生产厂家可以在预制构件生产阶段为各类预制构件植入含有构件几何尺寸、材料种类、安装位置等信息的RFID芯片，通过RFID技术对预制构件进行物流管理，提高预制构件仓储和运输的效率。在构件生产制作阶段，将BIM与物联网RFID技术相结合，根据用户需求，借鉴工程合同清单编码规则，对构件进行编码，编码具有唯一性、扩展性，从而确保构件信息的准确性。然后制作人员将含有构件类型、尺寸、材质、安装位置等信息的RFID芯片植入构件中，供各阶段工作人员读取、查阅并使用相关信息。根据实际施工情况，及时将构件质量、进度等信息反馈至BIM信息共享平台，以便生产方及时调整生产计划，减少待工、待料，通过BIM平台实现双方协同互通。

二、加快装配式建筑模型试制过程

为了保证施工的进度和质量，在装配式建筑设计方案完成后，设计人员将BIM模型中所包含的各种构配件信息与预制构件生产厂商共享，生产厂商可以直接获取产品的尺寸、材料、预制构件内钢筋的等级等参数信息，所有的设计数据及参数可以通过条形码的形式直接转换为加工参数，实现装配式建筑BIM模型中的预制构件设计信息与装配式建筑预制构件生产系统直接对接，提高装配式建筑预制构件生产的自动化程度和生产效率，还可以通过3D打印的方式，直接将装配式建筑BIM模型打印出来，从而极大地加快装配式建筑的试制过程，并可根据打印出的装配式建筑模型校验原有设计方案的合理性。

BIM可以支持建筑设计的预制构件模型的信息传递用于工厂生产，借助于BIM技术理性的基础上的钢筋数字化自动加工、混凝土自动化浇筑和钢筋与PC构件生产的自动化融合，搭建合适的BIM信息化平台，在平台上可以直接提取构件的参数，确定构件尺寸数量等信息，并且根据这些信息确定合理的生产流程；也可以对发来的构建信息进行复核，根据实际生产情况，向设计单位进行信息反馈，使得设计和生产环节实现信息双向流动，提高构件生产信息化程度。工厂还可以建立标准化的预制构件库，在生产的过程中对类似预制构件只需要调整模具尺寸即可以生产，通过标准化、流水线式构件生产作业，提高生产效率，增加构件的标准化程度减少人工操作带来的失误，改善工人工作环境，节省人力物力等。

三、运输跟踪管理

对于运输预制构件的过程，从运输工具—运输流程—运输路线都需要进行严谨的规划及控制。所以，对于预制构件运输的全过程要进行跟踪管理。在运输车辆中安放RFID芯片，初步完成运输工具的跟踪及数据收集。根据构件的大小选取合适的运输工具，尤其是特大构件，运输工具的选择上更要谨慎。根据不同构件的存放位置以及施工顺序，制定合理的运输路线及运输计划。在路线选择上，以短为目标，争取做到通过最短的路程，在最短的时间内完成运输。这样不仅可以节省运输所消耗的费用，减轻运输人员的工作量，还可以减短施工时间。

第三节　装配式建筑施工阶段应用BIM技术的意义

一、预制构件现场管理

在装配式建筑的施工过程中，需要存放、使用的预制构件，无论是在数量上还是在种类上都是比较庞大及复杂的。因此，在存放及使用的过程中，经常会出现丢失或错用的状况，而这可能会对施工造成不可预估的影响。所以，对于预制构件的现场管理必须是严谨并且井井有条的。在建筑现场，人员复杂，出入频繁，所以在构件的入场及存放上更要严谨、有序。在现场管理中，采用RFID技术及BIM技术，能够有效地监控构件的入场、接受与存放。首先，在门禁系统中放置RFID阅读器，这样可以及时的获取构件入场的信息，第一时间发现构件入场就能及时的组织检验人员对构件进行现场检验。当现场检验无误，构件没有质量及信息方面的问题后，严格遵循提前制定的线路将构件存运至指定区域，并按照种类或存放要求进行分门别类的放置。与此同时，在RFID芯片中更新构件信息，更改为已到场。在进行构件吊装时，也需要进行严格的比对，工作人员根据阅读器与显示器中的信息，对构件进行吊运与装配。整个过程严谨、规范，争取做到一步到位，避免后期问题的产生，提高整体工作效率。

二、施工模拟仿真

装配式建筑属于比较复杂的建筑结构，在施工过程中极为依赖机械化施工手段，因此整体施工的难度较高，施工过程工艺复杂，风险较高，这就更要求安全防护工作的严谨，也对各部门之间的配合提出了极高的要求。如果在施工过程中发生失误与意外，不仅整体进程会被拖延，造成不可估量的损失，甚至还会造成人员的伤亡。对于此类高风险的施工要争取一步到位，无法进行真人演练，还要尽量避免失误的出现。而BIM技术可以填补无法演练，没有实操经验的空白。它可以根据施工过程进行模拟演习，通过系统的一次次演练，找寻施工流程中的漏洞或不安全因素，对施工方案不断进行更新与优化，确保构件可以精准的安放至指定位置，保证安装的质量；可以对施工场地、施工路线进行进一步的调整，通过BIM技术，可以合理安排垂直机械的安放，临时设施的布置以及构件的运输路线及摆放位置，另外规划最高效的运输路线，避免在二次搬运上浪费时间与人力，进而提高施工的速度，缩短施工人员的作业时间；BIM技术的三维可视化展现，可以将交底直接呈现在人们面前，更有利于指挥人员掌握情况，也便于各部门之间的相互沟通。另外，除去对施工过程的模拟，以及对施工现场的帮助，BIM模拟技术还可以对施工突发事件进行模拟，总结出最高效的应急预案，提前预防，减少人员的伤亡。

三、构件现场吊装办理及长期可视化监控

施工方案确定后，将储存构件吊装方位及施工时序等信息的BIM模型导入平板手持设备中，根据三维模型查验施工方案，实现施工吊装的无纸化和可视化辅佐。构件吊装前必须进行查验承认，手持机更新当日施工方案后对工地堆场的构件进行扫描，在准确识别构件信息后进行吊装，并记载构件施工时刻。构件装置就位后，查看员担任校核吊装构件的方位及其他施工细节，查看合格后，通过现场手持机扫描构件芯片，承认该构件施工完结，同时记录构件竣工时刻。所有构件的拼装进程、实践装置的方位和施工时刻都记录在体系中，以便查看。这种方法减少了过错的发生，提高了施工效率。

第四节　装配式建筑运维阶段应用BIM技术的意义

一、提高运维阶段的设备维护管理水平

信息管理平台是在BIM技术及RFID技术的基础上建立起来的，所以，能够完成运营维护系统的构建，加强设备维护的工作。例如，BIM技术中具备资料管理及应急管理两项功能，而这两项功能对于突发火灾具有较强的应对反应。首先，BIM系统中拥有健全的建筑信息及设备信息，能够对火灾发生地点进行快速、准确地定位，协助消防人员及时抵达现场，同时能够为相关人员提供最准确、最便捷的

消防设备放置位置，方便人们进行初步的火灾控制工作。除此之外，因为可燃物不同，消防工作所采取的方式也有多不同，而BIM系统能够根据火灾发生位置，为消防人员提供该位置建筑时使用的材料，帮助消防人员判断可燃物，进行针对性灭火。同时，还可以为火灾区域的人员安排最合理的疏散通道，减轻人员的损伤，使火灾造成的伤害降到最低。

另外，在建筑或附属设备产生故障，需要进行维修时，BIM模型中能够直接调取此次维修中所需要的预制构件，并获取附属设备的相关信息，准备的配备相应零件，保证维修工作的质量，提升维修工作的速率。

二、加强运维阶段的质量和能耗管理

BIM技术可实现装配式建筑的全寿命信息化，运维管理人员利用预制构件中的RFD芯片，获取保存在芯片中预制构件生产厂商、安装人员、运输人员等的重要信息，一旦发生后期的质量问题，可以将问题从运维阶段追溯至生产阶段，明确责任的归属。BIM技术还可以实现预制装配式建筑的绿色运维管理，借助预埋在预制构件中的RFID芯片，BIM软件可以对建筑物使用过程中的能耗进行监测和分析，运维管理人员可以根据BIM软件的处理数据在BIM模型中准确定位高耗能所在的位置并设法解决，此外，预制建筑在拆除时可以利用BIM模型筛选出可回收利用的资源进行二次开发回收利用，节约资源，避免浪费。

参考文献

[1] 刘占省. 装配式建筑BIM技术概论[M]. 北京：中国建筑工业出版社，2019.

[2] 罗志华，李刚. BIM技术应用实务—建筑施工图设计[M]. 北京：机械工业出版社，2019.

[3] 庞毅玲. BIM技术应用：Revit土建应用教程[M]. 武汉：武汉大学出版社，2018.

[4] 刘喆. BIM技术基础[M]. 北京：中国建筑工业出版社，2018.

[5] 黄平，洪映泽. BIM技术应用：Navisworks教程[M]. 武汉：武汉大学出版社，2018.

[6] 江韩，陈丽华，吕佐超等. 装配式建筑结构体系与案例[M]. 南京：东南大学出版社，2018.

[7] 刘占省. 装配式建筑BIM技术应用[M]. 北京：中国建筑工业出版社，2018.

[8] 曾桂香，唐克东. 装配式建筑结构设计理论与施工技术新探[M]. 北京：中国水利水电出版社，2018.

[9] 胡预立. 探讨BIM技术在装配式建筑结构施工中的应用[J]. 建材与装饰，2019（22）.

[10] 刘知鱼，黄兆康. 深化产教融合，紧跟行业技术发展—以广西建设职业技术学院为例[J]. 智库时代，2019（31）.

[11] 唐维华. 基于BIM下装配式建筑施工精细化管理的研究[J]. 居舍，2019（20）.

[12] 李瑜. 2019年中国装配式建筑行业市场前景分析BIM技术革新推动行业转型升级[J]. 砖瓦，2019（7）.

[13] 李小龙. 浅析BIM技术在装配式建筑中的应用[J]. 居舍，2019（19）.

[14] 任宏伟，于淼，才士武. 基于BIM的装配式建筑施工成本控制[J]. 华北理工大学学报（自然科学版），2019（3）.

[15] 孙益星. 探究BIM技术与装配式建筑的融合[J]. 科技风，2019（18）.

[16] 刘著群，杨之坤. BIM技术在装配式建筑上的应用[J]. 工程技术研究，2019（12）.

[17] 李彦苍，陈雅楠，刘郑．BIM技术在装配式建筑中的应用[J]．河北工程大学学报（自然科学版），2019（2）．
[18] 朱江华．基于BIM的装配式建筑模块化设计及其造价特点[J]．有色冶金设计与研究，2019（3）．
[19] 江畔，李元秀．绿色可持续发展的装配式建筑节能减排思考[J]．城市住宅，2019（6）．
[20] 黄亚江，董颖，张子晨，商如斌．基于BIM技术的装配式建筑结构深化设计研究[J]．施工技术，2018（S4）．
[21] 陈丽，徐斌．BIM技术在装配式建筑中的应用研究[J]．智能建筑与智慧城市，2018（12）．
[22] 陈云．BIM技术在装配式建筑中的应用价值分析[J]．中国新技术新产品，2018（24）．
[23] 何天成．BIM技术在装配式建筑施工管理中的应用研究[J]．住宅与房地产，2018（36）．
[24] 黄伟．装配式建筑工程施工过程中BIM技术的应用分析[J]．城市建设理论研究（电子版），2018（36）．
[25] 曾敏，张龙翔．浅析预制装配式建筑施工中BIM技术使用方法[J]．城市建设理论研究（电子版），2018（36）．
[26] 汪烈．BIM技术在装配式建筑设计中的应用探索[J]．绿色环保建材，2018（12）．
[27] 徐照，占鑫奎，张星．BIM技术在装配式建筑预制构件生产阶段的应用[J]．图学学报，2018，39（6）．
[28] 白伟，朱文祥，吴志敏，黄凯．BIM技术在装配式建筑中的应用研究[J]．江苏建筑，2017（S1）．
[29] 许伟伟，苏传解．BIM技术在装配式建筑中的应用[J]．住宅与房地产，2017（36）．
[30] 吴金虎，吴荣伟，苏思聪，蔡东杰．装配式混凝土建筑设计阶段BIM技术的应用[J]．建筑技术开发，2017（24）．
[31] 撖书培．装配式建筑项目中工程总承包模式的应用研究[J]．建设监理，2017（12）．
[32] 苏勇．装配式建筑工程施工过程中BIM技术应用探讨[J]．科技风，2017（25）．

[33] 何兆财. BIM在预制装配式建筑（PC）住宅设计中的应用[J]. 建材与装饰，2016（49）.

[34] 沈维莉，张克纯. 基于BIM技术的装配式建筑技能人才培养研究[J]. 山西建筑，2016（34）.

[35] 刘小平. 装配式建筑在保障性住房中的应用探讨[J]. 建材与装饰，2016（46）.

[36] 李安永. BIM技术在装配式建筑构件中的应用[J]. 江西建材，2016（22）.

[37] 张磊. BIM技术在装配式建筑中的应用标准研究[J]. 中国标准化，2016（15）.

[38] 李党. BIM技术在装配式建筑设计中的关键作用[J]. 山西建筑，2016（33）.

后 记

当前，全国各级建设主管部门和相关建设企业正在全面认真贯彻落实中央城镇化工作会议与中央城市工作会议的各项部署。大力发展装配式建筑是绿色、循环与低碳发展的必然要求，是提高绿色建筑和节能建造水平的重要手段，不但体现了“创新、协调、绿色、开放、共享”的发展理念，更是大力推进建设领域“供给侧结构性改革”培育新兴产业、实现我国新型城镇化建设模式转变的重要途径。国内外的实践表明，装配式建筑优点显著，代表了当代先进建造技术的发展趋势，有利于提高生产效率、改善安全和工程质量，有利于提高建筑综合品质和性能，有利于减少用工、缩短工期、减少资源消耗、降低建筑垃圾和扬尘等。当前我国大力发展装配式建筑正当其时。

基于BIM技术的装配式建筑是建造方式的革新，是建筑业突破传统生产方式局限生产方式变革、产业转型升级、新型城镇化建设的迫切需要。大力发展装配式建筑，是建设领域推进生态文明建设，贯彻落实绿色循环低碳发展理念的重要要求，是稳增长、调结构、转方式和供给侧结构性改革的重要举措，也是提高绿色建筑和节能建筑建造水平的重要途径。装配式建筑的发展将对我国建设领域的可持续发展产生革命性、根本性和全局性的影响。

本书的撰写虽已结束，但对于BIM技术在装配式建筑中的研究并未结束，在未来，随着经验与经历的丰富，作者会对此进行更深入的研究。希望本书能够为建筑行业提供借鉴与参考。